全国高等农林院校"十三五"规划教材
国家级实验教学示范中心教材
国家级卓越农林人才教育培养计划改革试点项目教材

动物机能学实验

第二版

马燕梅　主编

中国农业出版社

北　京

图书在版编目（CIP）数据

动物机能学实验/马燕梅主编. —2版. —北京：中国农业出版社，2018.11（2024.12重印）
全国高等农林院校"十三五"规划教材　国家级实验教学示范中心教材　国家级卓越农林人才教育培养计划改革试点项目教材
ISBN 978-7-109-24763-5

Ⅰ.①动… Ⅱ.①马… Ⅲ.①动物-机能（运动生理学）-实验-高等学校-教材 Ⅳ.①Q95-33

中国版本图书馆CIP数据核字（2018）第240388号

中国农业出版社出版
（北京市朝阳区麦子店街18号楼）
（邮政编码 100125）
责任编辑　武旭峰　王晓荣
文字编辑　王晓荣

中农印务有限公司印刷　新华书店北京发行所发行
2012年5月第1版　2018年11月第2版
2024年12月第2版北京第2次印刷

开本：787mm×1092mm 1/16　印张：6.75
字数：180千字
定价：22.50元
（凡本版图书出现印刷、装订错误，请向出版社发行部调换）

第二版编写人员

主　编　马燕梅

参　编　俞道进　梅景良　白丁平

第一版编写人员

主　编　马燕梅
参　编　俞道进　梅景良

第二版前言

为了适应高等学校发展改革对高素质人才的需求，福建农林大学动物医学专业先后进行了多项专业建设，如国家级实验教学示范中心、国家特色专业、国家卓越农林人才教育培养计划（复合应用型）、福建省特色专业、福建省专业综合改革试点、福建省人才培养模式创新实验区、福建省专业群试点项目等。在专业建设过程中，坚持"以人为本，德育为先，能力为重，全面发展"的教育理念，以着力提高学生的专业素质、知识应用能力、实践能力、创业和创新能力为核心，对人才培养模式、专业培养方案、课程设置和学时数等进行了调整。在此基础上，依托国家级实验教学示范中心，对相关实验课程进行整合和改革，科学处理了学科间的交叉和融合问题，加强了学生创新能力和动手能力的培养，经过一段时间的探索与改革实践后，编写了动物医学专业实验教材。

该教材的初版经过5年试用，基本上能满足课程教学的需要，但在教学过程中仍发现了一些不足之处。同时，由于实验内容的更新以及新仪器的不断出现，因此有必要对该教材进行修订。

本次修订的重点是补充部分实验，并对部分实验内容进行更新，目的是更好地提高学生的实践技能，让学生学会总结并分析实验结果。其中第二章的第九节、第三章和第四章由俞道进和梅景良修订，实验四、五、九和十四由白丁平新编，其他内容由马燕梅修订，书稿完成后由马燕梅和白丁平统稿。

在本教材编写与出版过程中，得到了中国农业出版社的大力帮助，得到了福建农林大学动物科学学院院长陈吉龙教授、池有忠书记和福建农林大学教务处的大力支持，得到了福建农林大学教材出版基金的资助，在此一并致以由衷感谢。在编写过程中参阅和引用了文献资料，在此谨向原作者表示衷心的感谢。

由于编者业务水平有限，书中不妥之处在所难免，恳请广大读者批评指正。

编 者

2018年9月

第一版前言

实验教学是培养创新型人才的必要途径。实验技术是保障实验教学和科学研究工作顺利进行的条件，也是学生动手能力和创新思维培养的基础。为了适应我国动物医学高等教育的改革和现代动物医学实验教学改革的需要，结合国家级实验教学示范中心的建设要求，构建有利于培养学生实践能力和创新能力的实验教学体系，我们按照课程体系设置，编写了本教材。

《动物机能学实验》的编写围绕培养目标，重点突出特色，注重实际操作，体现科学规范性和简明扼要性。遵照由提高动手能力到培养创新思维的宗旨设置教材内容，涵盖了动物生理学和药理学的机能学实验部分，以活体或组织器官为实验对象，研究动物机体各种生命活动及其规律，药物与机体的相互作用及其规律。不仅保持了原有的机能学实验特征，还对传统的实验方法和教学方式进行改革创新，并结合我校实验条件，应用先进的实验设备进行教学。教材中每个实验的基本内容包括实验目的、实验原理、实验准备（包括实验动物、实验试剂和实验器材）、实验方法与步骤、注意事项、实验结果与分析和思考题。在编写过程中将实际操作中可能遇到的问题及注意事项详细列出，并提出了解决的办法，力求做到学生能够按照实验指导自行完成实验。本教材编写的主要目的是使学生能在实验的基础上进行探索式学习。

本教材的编者是来自动物生理和药理教学和科研第一线的教师，具有丰富的教学实践经验。其中实验二十八～三十八、实验四十～四十三由俞道进和梅景良编写，其余部分由马燕梅编写，书稿完成后由马燕梅统稿。本教材在编写与出版过程中，得到福建农林大学副校长黄一帆教授、福建农林大学动物科学学院院长王寿昆教授、副院长张文昌教授和福建农林大学教务处的大力支持，也得到福建农林大学教材出版基金的资助，在此一并致以由衷的感谢。在编写过程中参阅和引用了相关的文献资料，在此也向原作者表示衷心的感谢。

由于编者业务水平有限，书中不足之处在所难免，恳请读者批评并指正。

编　者
2011年10月

目 录

第二版前言

第一版前言

第一章 动物机能学实验基本知识 …………………………………………………… 1

第一节 动物机能学实验的教学目的和基本要求 ………………………………… 1
第二节 动物机能学实验常用仪器 ………………………………………………… 3
一、BL-420E$^+$生物机能实验系统 …………………………………………… 3
二、常用换能器 ……………………………………………………………… 9
第三节 动物机能学实验常用手术器械 …………………………………………… 11
第四节 动物机能学实验常用试剂 ………………………………………………… 13
第五节 动物机能学实验常用实验动物 …………………………………………… 14
一、实验动物的种类 ………………………………………………………… 14
二、实验动物的捉拿方法 …………………………………………………… 15
三、实验动物的给药方法 …………………………………………………… 16
四、实验动物的麻醉 ………………………………………………………… 18
五、实验动物的标记法 ……………………………………………………… 20

第二章 基础实验 …………………………………………………………………… 21

第一节 细胞的基本功能实验 ……………………………………………………… 21
实验一 蛙坐骨神经-腓肠肌标本的制备 …………………………………… 21
实验二 生物电现象的观察 ………………………………………………… 23
实验三 不同的刺激强度和频率对肌肉收缩的影响 ……………………… 24
实验四 蛙坐骨神经干动作电位的观察 …………………………………… 26
第二节 血液系统实验 ……………………………………………………………… 28
实验五 红细胞沉降率的测定 ……………………………………………… 28
实验六 红细胞比容的测定 ………………………………………………… 29
实验七 血细胞计数 ………………………………………………………… 30
实验八 血红蛋白的测定 …………………………………………………… 34
实验九 出血时间和凝血时间的测定 ……………………………………… 35
实验十 红细胞脆性实验 …………………………………………………… 36
实验十一 ABO血型的鉴定 ………………………………………………… 38
实验十二 影响血液凝固的因素 …………………………………………… 39
第三节 循环系统实验 ……………………………………………………………… 40
实验十三 期前收缩与代偿间歇 …………………………………………… 40

实验十四　蛙类微循环的显微观察 …………………………………………………… 42
　实验十五　蛙心起搏点 …………………………………………………………………… 44
　实验十六　离体蛙心灌流 ………………………………………………………………… 46
　实验十七　动脉血压的直接测定及其影响因素 ………………………………………… 48
　实验十八　交感神经对血管和瞳孔的作用 ……………………………………………… 51

第四节　呼吸系统实验 …………………………………………………………………… 52
　实验十九　呼吸运动的调节 ……………………………………………………………… 52
　实验二十　鱼类呼吸运动的描记及其影响因素 ………………………………………… 54

第五节　消化系统实验 …………………………………………………………………… 55
　实验二十一　胃肠运动的观察 …………………………………………………………… 55
　实验二十二　消化道平滑肌的生理特性 ………………………………………………… 56
　实验二十三　迷走神经对鱼胃运动的影响 ……………………………………………… 58

第六节　泌尿系统实验 …………………………………………………………………… 59
　实验二十四　影响尿液生成的因素 ……………………………………………………… 59

第七节　神经系统实验 …………………………………………………………………… 61
　实验二十五　反射弧的分析 ……………………………………………………………… 61
　实验二十六　反射时的测定 ……………………………………………………………… 63
　实验二十七　脊髓反射 …………………………………………………………………… 64
　实验二十八　去大脑僵直 ………………………………………………………………… 65
　实验二十九　小脑的生理作用 …………………………………………………………… 66

第八节　内分泌系统实验 ………………………………………………………………… 67
　实验三十　胰岛素和肾上腺素对机体血糖浓度的影响 ………………………………… 67
　实验三十一　动物摘除肾上腺的应激观察 ……………………………………………… 68

第九节　药物作用实验 …………………………………………………………………… 70
　实验三十二　药物剂量与剂型对药物作用的影响 ……………………………………… 70
　实验三十三　局部麻醉药对神经传导作用的影响 ……………………………………… 71
　实验三十四　药物的理化性质与药理作用的关系 ……………………………………… 72
　实验三十五　不同给药途径对药物作用的影响 ………………………………………… 72
　实验三十六　肝功能对药物作用的影响 ………………………………………………… 73
　实验三十七　药物的配伍禁忌 …………………………………………………………… 74
　实验三十八　药物的协同作用和颉颃作用 ……………………………………………… 75
　实验三十九　利多卡因和普鲁卡因的表面麻醉作用观察 ……………………………… 76
　实验四十　普鲁卡因对家兔椎管麻醉作用的观察 ……………………………………… 77
　实验四十一　水合氯醛对家兔全身麻醉作用的观察 …………………………………… 77
　实验四十二　解热镇痛药对发热家兔体温的影响 ……………………………………… 78

第三章　综合性实验 ……………………………………………………………………… 80
　实验四十三　循环、呼吸、泌尿综合实验 ……………………………………………… 80
　实验四十四　猪肌肉和血液组织中氟苯尼考残留提取和高效液相色谱检测 ………… 83
　实验四十五　抗菌药物最小抑菌浓度（MIC）的测定 ………………………………… 84
　实验四十六　两种抗菌药物的体外联合药敏试验 ……………………………………… 87

第四章　设计性实验 ·· 92

　　实验四十七　烹饪方法对肌肉组织中兽药残留含量的影响 ·· 92

附录 ··· 94

　　一、鱼类的饲养 ·· 94

　　二、鱼类的麻醉 ·· 94

　　三、鱼类的生理盐水 ·· 95

　　四、鱼类的采血方法 ·· 95

参考文献 ·· 97

第一章

动物机能学实验基本知识

动物机能学实验是以活体为实验对象，研究动物机体各种生命活动及其规律、药物与机体的相互作用及作用规律的一门实验性学科。它将动物生理学实验和药理学实验二者有机地结合起来，独立设课，对传统的实验方法和教学方式进行改革创新，并应用先进的实验设备进行教学，形成一门具有一定特色的实验课程。

第一节　动物机能学实验的教学目的和基本要求

（一）动物机能学实验的教学目的

通过实验教学，使学生逐步掌握动物机能学实验的基本操作技术，培养学生的动手能力，培养学生实事求是的科学态度、严谨的科学作风和严密的逻辑思维，提高学生对各种实验现象的观察、分析和解决问题的能力，并通过学习实验课程中的新技术和新方法，培养学生的创新意识和科研能力。

（二）学习动物机能学实验的基本要求

为提高动物机能学实验的教学质量，学生在进行实验时，必须要达到以下要求。

1. 实验前

（1）认真预习相关内容，了解实验的目的、原理、方法与步骤、操作要点和注意事项，充分理解实验设计原理。

（2）结合每次实验内容复习相关理论，分析实验过程中可能出现的问题，并思考解决问题的方法。

（3）设计好实验原始记录的表格。

2. 实验中

（1）遵守实验室章程，准时到达实验室，中途因故外出或早退应向教师请假。

（2）保持实验室的整洁，实验器材的放置要整齐、稳当和有条不紊。

（3）保持实验室安静，不要高声谈笑，不得进行与实验无关的活动。

（4）爱护公共财物，各组实验器材由本组使用，不得与其他组调换，以免混乱。若遇仪器损坏，应报告教师进行处理。

（5）按照实验方法与步骤正确操作仪器和使用实验材料，注意爱护实验动物和实验器材。注意安全，严防被动物咬伤及中毒事故的发生。节约实验试剂和水电。

（6）仔细观察实验过程中出现的现象，如实客观地记录实验结果，可结合绘制图形或曲线进行分析。实验小组各成员合理分工，密切合作，培养团队精神，确保实验的顺利进行。

（7）对实验取得的结果做如下思考：①取得了什么结果。②出现这种结果的原因是什么。③这种结果有什么理论或实际意义。④若出现非预期结果，它的原因是什么。

3. 实验后

（1）关闭仪器设备电源，将实验所用器械清洗干净，并摆放整齐，将动物尸体放到指定地点。

（2）安排值日生做好实验室的清洁卫生工作，离开实验室前应关灯、关窗和关水龙头。

（3）整理实验结果，按要求认真撰写实验报告，按时交教师评阅。

（三）实验报告的撰写

实验报告是对实验的全面总结，为培养学生今后撰写科研论文打基础，也是教师综合评定实验课成绩的重要依据之一，因此每一位学生都应该按要求认真、独立地完成实验报告。

1. 实验报告格式

动物机能学实验报告

专业年级_____ 姓名_____ 组别_____ 日期_____ 室温_____

实验序号及实验题目

实验目的

实验原理

实验方法与步骤

注意事项

实验结果与分析

2. 实验报告内容

（1）实验序号及实验题目：实验序号指本次实验是本课程的第几次实验课，它可能包含有多个实验项目；实验题目指具体实验。

（2）实验目的、原理：应与实验题目一致，文字力求简练。

(3) 实验方法与步骤：实验方法在实验指导中有详细介绍，学生可按照教师的要求写，一般把主要的实验技术路线写明即可。

(4) 注意事项：按实验指导的要求写明在实验过程中应注意的事项。

(5) 实验结果与分析：是实验报告的核心部分。要求学生将实验过程中所观察到的实验现象进行如实、详细地记录。实验结果若以图形记录在实验仪器上的，如心肌的收缩曲线、血压曲线等，可通过输出设备打印出来，在实验报告的适当位置进行粘贴，并在图的下方写明图号、图题，以及必要的文字说明。实验结果若需要用表格形式说明的，要求用三线表，并在表的上方写明表号、表题。实验结果的分析要有依据，可结合理论知识对实验现象进行分析，阐述其作用机制，实事求是，不抄袭，并提出自己的见解。若实验结果不是预期结果，应找出原因，总结其经验教训。

第二节　动物机能学实验常用仪器

一、BL-420E$^+$生物机能实验系统

BL-420E$^+$生物机能实验系统是配置在计算机上的四通道生物信号采集、放大、显示、记录和处理系统。它主要由计算机、BL-420系统硬件和TM_WAVE生物信号采集与分析软件3个主要部分构成（图1-1）。该系统可进行生理、药理、毒理和病理等实验，并可完成实验数据的分析及打印工作，它替代了原有利用分离的放大器、示波器、记录仪、刺激器等仪器所构成的生物信号观测系统，是一个功能更多、更灵活的生物信号显示和处理系统。

图1-1　BL-420E$^+$生物机能实验系统

（一）使用指南

1. 启动软件　在计算机上安装BL-420E$^+$生物机能实验系统，桌面出现启动图标，双击BL-420E$^+$生物机能实验系统的启动图标即可启动该软件。

2. 主界面　启动软件后进入BL-420E$^+$生物机能实验系统生物信号采集与分析软件的主界面（图1-2）。

主界面从上到下依次为：标题条、菜单条、工具条、波形显示窗口、数据滚动条及反演按钮区、状态条等6个部分；从左到右主要为：标尺调节区、波形显示窗口和分时复用区3个部分。在标尺调节区的上方是通道选择区，下方是Mark标记区。分时复用区包括：控制参数

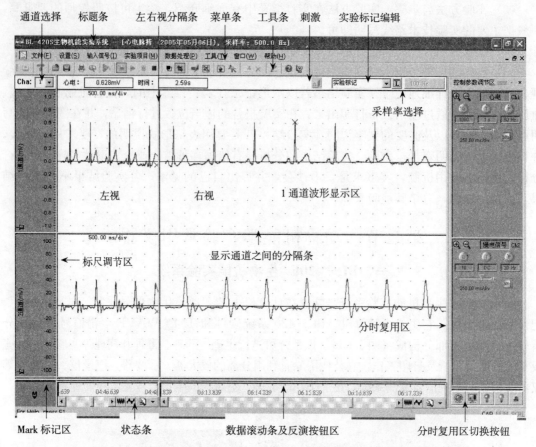

图1-2 BL-420E⁺生物机能实验系统生物信息采集与分析软件主界面

调节区、显示参数调节区、通用信息显示区、专用信息显示区和刺激参数调节区5个分区，它们分别占用屏幕右边相同的一块显示区域，可以通过分时复用区底部的5个切换按钮在它们之间进行切换。

软件中的左右视的大小并不固定，可通过左右视分隔条改变左右视的大小，一个视变大的同时另一个视缩小。在实时实验过程中，可以使用右视观察即时出现的波形，同时使用左视观察过去时间记录的波形，这样，在不暂停或停止实验的情况下，可以观察本次实验中任何时段的波形；在数据反演时，可以利用左右视比较不同时段或不同实验条件下的波形。

软件主界面上各部分的功能清单参见表1-1。

表1-1 BL-420E⁺生物机能实验系统生物信号采集与分析软件主界面各部分功能

名　称	功　能	备　注
标题条	显示软件的名称及实验相关信息	软件标志
菜单条	显示所有的顶层菜单项，可以选择其中的某一菜单项以弹出其子菜单，最底层的菜单项代表一条命令	菜单条中一共有8个顶层菜单项
工具条	一些最常用命令的图形表示的集合，它们使常用命令的使用变得方便和直观	共有24个工具条命令

（续）

名　称	功　能	备　注
左右视分隔条	用于分隔左右视，也是调节左右视大小的调节器	左右视面积之和相等
特殊实验标记编辑	用于编辑特殊实验标记，选择特殊实验标记，然后将选择的特殊实验标记添加到波形曲线旁	包括特殊标记选择列表和打开特殊标记编辑对话框按钮
标尺调节区	选择标尺单位及调节标尺基线位置	
波形显示窗口	显示生物信号的原始波形或数据处理后的波形，每一个显示窗口对应一个实验采样通道	
显示通道之间的分隔条	用于分隔不同的波形显示通道，也是调节波形高度的调节器	4个显示通道的面积之和相等
分时复用区	包含硬件参数调节区、显示参数调节区、通用信息显示区、专用信息显示区和刺激参数调节区5个分时复用区域	这些区域占据屏幕右边相同的区域
Mark标记区	用于存放Mark标记和选择Mark标记	Mark标记在光标测量时使用
时间显示窗口	显示记录数据的时间	在数据记录和反演时显示
数据滚动条及反演按钮区	用于实时实验和反演时快速数据查找和定位，可同时调节4个通道的扫描速度	
切换按钮	用于在5个分时复用区中进行切换	
状态条	显示当前系统命令的执行状态或一些提示信息	

3. 显示窗口　BL-420E$^+$生物机能实验系统是四通道的生物机能实验系统，可以同时观察4个通道的生物信号波形，对应于每个实验通道有一个波形显示通道，所以当软件处于初始状态时，屏幕上共有4个波形显示窗口。在某个通道显示窗口上双击鼠标左键可将该窗口最大化或者将其恢复到原始大小。图1-3表示一个通道的波形显示窗口，其中包含有标尺基线、波形显示和背景标尺点等3部分；表1-2中列举了波形显示窗口中各部分的主要功能。

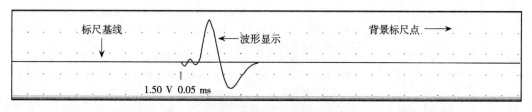

图1-3　生物信号显示窗口

表1-2　生物信号波形显示窗口各部分功能

名　称	功　能	备　注
标尺基线	生物信号的参考零点，其上为正，其下为负	
波形显示	显示采集到的生物信号波形或处理后的结果波形	
背景标尺点	波形幅度大小和时间长短的参考刻度线或点	其类型和颜色可选

4. 工具条 工具条和命令菜单的含义相似，也是一些命令的集合，但它更方便、直观（图 1-4）。

图 1-4 工具条

工具条上有 24 个工具条按钮，即代表着 24 条不同的命令，各按钮的具体功能见表 1-3。

表 1-3 工具条各按钮的功能

图标	名称	功能
	系统复位	对系统所有硬件及软件参数恢复到初始状态
	拾取零值	对系统的所有硬件及软件参数进行复位，即将这些参数设置为默认值
	打开反演数据文件	打开存储在计算机内的原始实验数据文件进行反演
	另存为	将正在反演的数据文件另存为其他名字的文件
	打印	用于通道显示波形的打印
	打印预览	预览要打印的图形
	打开上一次实验设置	在重复做上一次的实验时，将自动把实验参数设置成与上一次实验时完全相同
	记录	一个双态命令，当记录命令按钮的红色实心圆标记处于蓝色背景框内时，说明系统处于记录状态，否则系统仅处于观察状态而不进行观察数据的记录
	启动	启动数据采集，并将采集到的实验数据显示在计算机屏幕上；如果数据采集处于暂停状态，选择该命令，将继续启动波形显示
	暂停	暂停数据采集和波形动态显示
	停止实验	结束当前实验，同时发出"系统参数复位"命令，使整个系统处于开机时的默认状态
	切换背景颜色	显示通道的背景颜色将在黑色和白色这两种颜色中进行切换
	格线显示	一个双态命令，当波形显示背景没有标尺格线时，单击此按钮可以添加背景标尺格线；当波形显示背景有标尺格线时，单击此按钮可以删除背景标尺格线
	同步扫描	一个双态命令，当这个按钮按下时，所有通道的扫描速度同步调节，这时只有第一通道的扫描速度调节杆起作用；当不选择同步扫描时，各个显示通道的扫描速度独立可调
	区间测量	用于测量任意通道波形中选择波形段的时间差、频率、最大值、最小值、平均值、峰值、面积、最大上升速度及最大下降速度等参数，测量的结果显示在通用信息显示区中
	心功能参数测量	用于手动测量一个心电波形上的各种参数，包括心率、R 波幅度、ST 时段等 13 个参数；这是一个开关命令，只有在命令打开状态下方可测量
	打开 Excel	打开 Excel 电子表格，可将区间测量、心肌细胞动作电位测量和血流动力学测量的结果自动写入到 Excel 电子表格中
	X-Y 输入窗口	可做出心电向量环、完成压力-变化率环、压力-速度环等，分析血压与血压变化速率关系的 X-Y 曲线
	选择波形放大	在实时实验或波形反演时，可查看某一段波形的细节
	数据剪辑	可将选择的一段或多段反演实验波形的原始采样数据按 BL-420E$^+$ 的数据格式提取出来，并存入到指定名字的 BL-420E$^+$ 格式文件中
	数据删除	将选取的波形全部从原始文件中剔除，用剩余的原始数据构成一个新的数据文件，适用于从原始数据文件中删除少量的无用数据

图标	名称	功能
	添加通用标记	在实时实验过程中,将在波形显示窗口的顶部添加一个通用实验标记,其形状为向下的箭头,箭头前面是该标记的数值编号,编号从1开始顺序进行,如10↓,箭头后面则显示添加该标记的时间
	关于	显示"关于 TM_WAVE"对话框,它包含有 TM_WAVE 软件的版本、版权信息等
	及时帮助	提供及时帮助

5. 滚动条和数据反演 滚动条和反演功能按钮区在软件主窗口通道显示窗口的下方(图1-5)。

图1-5 滚动条和数据反演功能按钮区

BL-420E⁺生物机能实验系统软件中,波形曲线可以在左右视中同时观察。通过对滚动条的拖动,可选择实验数据中不同时间段的波形进行观察。该功能不仅适用于反演时对数据的快速查找和定位,也适用于实时实验中,将已经推出窗口外的实验波形重新拖回到窗口中进行观察、对比(仅适用于左视的滚动条)。具体的操作方法是:首先用鼠标选择并拖动左右视分隔条将左视拉开,然后拖动左视下部的滚动条进行典型波形数据定位。在拖动滚动条的同时,对应于当前滚动条位置的波形将显示在通道显示窗口中,继续拖动直到找到想观察的典型波形为止。注意,此时实验并没有停止,可以同时通过右视观察实时出现的生物波形,并且数据记录也照样进行。

在滚动条的右边有3个按钮:波形横向(时间轴)压缩和波形横向扩展两个功能按钮及一个数据查找菜单按钮。

波形横向(时间轴)压缩按钮:波形横向压缩命令是对实验波形在时间轴上进行压缩,相当于减慢波形扫描速度的调节按钮。但是这个命令是针对所有通道实验波形的压缩,即将每一个通道的波形扫描速度同时调小一档,在波形被压缩的情况下可以观察波形的整体变化规律。

波形横向(时间轴)扩展按钮:波形横向扩展命令是对实验波形在时间轴上进行扩展,相当于加快波形扫描速度的调节按钮。但是这个命令与波形压缩按钮一样是针对所有通道实验波形的扩展,在波形扩展的情况下可以观察波形的细节。

反演数据查找菜单按钮:使用鼠标左键单击此按钮时,会弹出一个数据查找菜单,包括按时间查找、按通用标记查找和按特殊标记查找3个命令,便于数据反演时的精确定位。

(二)BL-420E⁺生物机能实验系统的操作

1. 开机 将计算机各接口连线连接好后,打开计算机电源。

2. 启动软件 待计算机进入主界面后,用鼠标双击桌面上的 BL-420E⁺ 生物机能实验系统的图标，即可以启动该软件，进入 BL-420E⁺生物机能实验系统的主界面。

3. 开始实验

（1）若做的实验在"实验项目"菜单项中已有，则用鼠标单击菜单条上的"实验项目"菜单项，"实验项目"下拉式菜单将被弹出（图1-6）。实验项目下拉式菜单中包含有9个菜单项，它们分别是肌肉神经实验、循环实验、呼吸实验、消化实验、感觉器官实验、中枢神经实验、泌尿实验、药理学实验模块和病理生理学模块。移动鼠标，选定实验模块后，用鼠标左键单击该项，则弹出具体内容。当选择了一个实验模块之后，系统将自动设置该实验所需的各项参数，包括采样通道、采样率、增益、时间常数、滤波以及刺激器参数等，并且将自动启动数据采样，使实验者直接进入到实验状态。

（2）若做的实验在"实验项目"菜单项中没有，则用鼠标单击菜单条上的"输入信号"菜单项，"输入信号"下拉式菜单将被弹出。信号输入菜单中包括有1~4通道，它们与硬件输入通道相对应，每一个菜单项又有一个输入信号选择子菜单，每个子菜单上包括多个可供选择的信号类型（图1-7）。

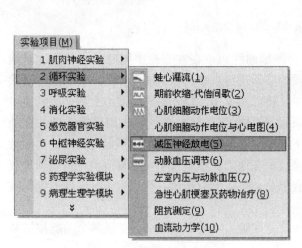

图1-6 实验项目下拉式菜单

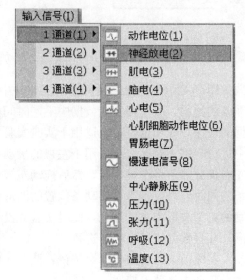

图1-7 输入信号设置

（三）BL-420E⁺生物机能实验系统的实验模块

BL-420E⁺生物机能实验系统的实验模块见表1-4，每个实验类型下可做的实验项目有多个。

表1-4 BL-420E⁺生物机能实验系统的实验模块

实验类型	具体实验项目名称	
肌肉神经实验	1. 刺激强度与反应的关系 2. 刺激频率与反应的关系 3. 神经干动作电位的引导 4. 神经干兴奋传导速度的测定 5. 神经干兴奋不应期的测定	6. 肌肉收缩-兴奋的时相关系 7. 痛觉实验 8. 阈强度与动作电位的关系 9. 细胞放电 10. 心肌不应期的测定

（续）

实验类型	具体实验项目名称	
循环实验	1. 蛙心灌流 2. 期前收缩-代偿间歇 3. 全导联心电图 4. 心肌细胞动作电位 5. 心肌细胞动作电位与心电图 6. 兔减压神经放电	7. 兔动脉血压调节 8. 左心室内压与动脉血压 9. 血流动力学模块 10. 急性心肌梗死及药物治疗 11. 阻抗测定
呼吸实验	1. 膈神经放电 2. 呼吸运动的调节	3. 呼吸相关参数的采集与处理 4. 肺通气功能的测定
消化实验	1. 消化道平滑肌的电活动 2. 消化道平滑肌的生理特性	3. 消化道平滑肌的活动 4. 苯海拉明颉颃参数的测定
感觉器官实验	1. 肌梭放电 2. 耳蜗生物电活动	3. 视觉诱发电位 4. 脑干听觉诱发电位
中枢神经实验	1. 大脑皮层诱发电位 2. 中枢神经元单位放电 3. 脑电图	4. 诱发脑电 5. 脑电睡眠分析
泌尿试验	影响尿液生成的因素	
药理学实验	1. PA2值的测定 2. 药物的镇痛作用 3. 尼可刹米对吗啡呼吸抑制的解救作用 4. 药物对离体肠肌的作用 5. 传出神经系统药物对麻醉大鼠血压的影响	6. 药物对实验性心律失常的影响 7. 药物对麻醉大鼠的利尿作用 8. 垂体后叶素对小鼠离体子宫的作用 9. 电惊厥实验

二、常用换能器

换能器是一种能将非电信息转换为电信息的装置，又称传感器。换能器的种类很多，原理和性能各不相同。动物机能学实验中，常用的换能器有压力换能器、张力换能器和呼吸流量换能器等。

（一）压力换能器

压力换能器是动物机能学实验中最常用的一种换能器，主要用于测量动物血压，还可用于胸膜腔负压的测量等（图1-8）。

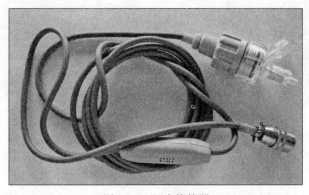

图1-8　压力换能器

1. 使用方法　将压力换能器一端与动脉插管相连，并通过三通管将压力换能器腔内和动脉插管内充满肝素生理盐水，注意排出气泡，另一端连于生物机能实验系统。将测压管与大气相通，确定压力为零时的基线位置，即可进行血压实验。

2. 注意事项

（1）确保压力换能器腔内和动脉插管内没有气泡。

（2）注意将 O 形垫圈垫好，以免漏水。

（3）测量血压时，压力换能器的位置必须与心脏平行，以保证测量的结果准确。

（4）压力换能器有一定的测量范围，严禁在压力换能器处于密闭状态时，用注射器向换能器内推入液体，以免损坏换能器。

（5）压力换能器使用后，必须及时洗净、晾干，并确保换能器腔与大气相通。

（二）张力换能器

张力换能器也是动物机能学实验中常用的一种换能器，主要用于测量肌张力、呼吸等生理信号（图 1-9）。

1. 使用方法　将张力换能器固定在铁架台上，一端与被测对象相连，使连接线垂直，并保持适当的张力，另一端连于生物机能实验系统上。

2. 注意事项

（1）张力换能器梁口是开放的，应防止液体进入换能器内。

（2）张力换能器有一定的测量范围，超过其范围的不宜测量，以免损坏换能器。

（3）张力换能器的应变元件非常精细，使用时要特别小心，不能用猛力牵拉或用力扳弄换能器的悬梁臂，以免损坏换能器。

（三）呼吸流量换能器

呼吸流量换能器主要用于测量动物的呼吸和呼吸流量（图 1-10）。

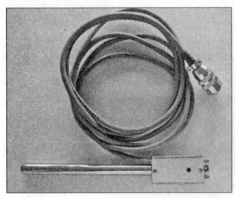
图 1-9　张力换能器

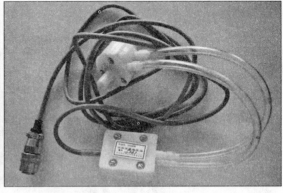
图 1-10　呼吸流量换能器

1. 使用方法　将呼吸流量换能器一端与气管插管相连，另一端连于生物机能实验系统上。

2. 注意事项　使用呼吸流量换能器时，要轻拿轻放，避免碰撞，以免损坏换能器。

第三节　动物机能学实验常用手术器械

(一) 蛙类手术器械

1. 金属探针　金属探针用于破坏蛙类的脑和脊髓 (图 1-11)。

2. 剪刀　普通剪刀用于切断骨骼；手术剪用于切断皮肤和肌肉；眼科剪用于切断神经、血管和心包膜等组织 (图 1-11)。

3. 手术镊　圆头镊对组织损伤较小，用于夹持组织和牵提切口；有齿镊用于夹捏骨头和剥脱蛙皮；眼科镊有直和弯两种，用于分离神经和血管 (图 1-12)。不可用手术镊直接夹持或牵提神经和血管。

4. 玻璃分针　用于分离血管、神经等组织，注意不可用力过猛，以防折断 (图 1-12)。

5. 蛙心夹　使用时将蛙心夹的一端夹住蛙的心尖部，另一端借助丝线连于换能器，可进行心收缩活动的描记 (图 1-12)。

6. 锌铜弓　制作神经-肌肉标本时常用它对标本施加刺激，以检验标本的兴奋性 (图 1-12)。

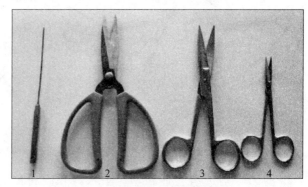

图 1-11　蛙类手术器械 (一)
1. 金属探针　2. 普通剪　3. 手术剪　4. 眼科剪

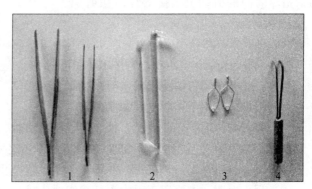

图 1-12　蛙类手术器械 (二)
1. 手术镊　2. 玻璃分针　3. 蛙心夹　4. 锌铜弓

7. 蛙板　用于固定蛙类，以便进行解剖和实验，有木制蛙板和玻璃蛙板两种。制作神经-肌肉标本时，可用大头针将蛙腿固定在木蛙板上。用任氏液润湿了的玻璃蛙板可减少动物损伤，以保持标本的兴奋性。

(二) 哺乳类手术器械

1. 手术刀　手术刀由刀片和刀柄组成，主要用于切开皮肤和脏器。根据手术的部位与性质，选择使用大小、形状不同的手术刀片。安装刀片宜用持针器或直式血管钳夹持安装，避免割伤手指 (图 1-13)。刀柄一端可作为钝性分离器，分离组织。常用的执刀方法有4种 (图 1-14)。

(1) 执弓式：常用的执刀方法，动作范围广而灵活，用于颈部或腹部的皮肤切口。

(2) 握持式：用于范围较广、用力较大的切开，如切开较长的皮肤。

(3) 执笔式：用于小而精确的切口，如眼部手术、局部神经和血管的小切口等。

(4) 反挑式：刀口朝上，常用于向上挑开组织，避免损伤深层组织。

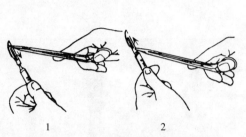
图1-13 安装、取下刀片
1. 安刀片法　2. 取刀片法
（引自杨秀平，动物生理学实验，2004）

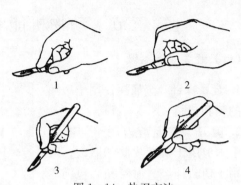
图1-14 执刀方法
1. 执弓式　2. 握持式　3. 执笔式　4. 反挑式
（引自杨秀平，动物生理学实验，2004）

2. 剪刀　剪刀有普通粗剪、手术剪和眼科剪3种，又有直或弯、尖头或圆头之分。持剪的方法是以拇指和无名指分别插入剪柄的两环，中指放在无名指指环前面的剪柄上，食指轻压在剪柄和剪刀交界处（图1-15）。

（1）直手术剪和弯手术剪：直手术剪用于切断神经、血管、脂肪和肌肉等组织；弯手术剪用于剪毛。

（2）普通剪：用于切断骨骼或剪破组织。

（3）手术剪：用于切断皮肤和肌肉。

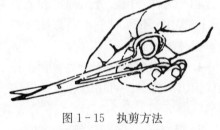
图1-15 执剪方法
（引自王庭槐，生理学实验教程，2004）

（4）眼科剪：用于切断包膜、神经，或剪破血管、输尿管以便插管。

3. 血管钳　血管钳有大小、直弯、有齿和无齿之分。执钳方法与手术剪同。

（1）直血管钳和无齿止血钳：主要用于手术浅部止血，也可用于浅部的组织分离。

（2）弯止血钳：主要用于手术深部组织或内脏止血。

（3）有齿止血钳：主要用于强韧组织的止血、提起切口处的皮肤等，不宜夹持血管、神经及脆弱的组织，不能用于皮下止血。

4. 手术镊　手术镊分为有齿和无齿两类，大小、长短不一。执镊方法是以拇指对食指和中指，不宜握于掌心内（图1-16）。有齿镊用于牵拉切口处的皮肤或坚韧的筋膜和肌腱，不可用于夹持内脏及血管和神经等软组织；无齿镊用于夹持皮下组织、脂肪、黏膜和血管等；眼科镊用于夹持细软组织。

图1-16 执镊方法
（引自杨秀平，动物生理学实验，2004）

5. 持针器　持针器结构类似血管钳，但其头端较短，口内有槽，柄较长，有大小之分。执持针器的姿势与执剪姿势略同，但为了缝合方便，仅用手掌握住持针器环部即可，不必将手指插入环内（图1-17）。

6. 缝针　缝针有大小、直弯和圆三角之分。圆针多用于缝合软组织，三角针用于缝合皮肤和韧带。

7. **颅骨钻**　颅骨钻用于开颅钻孔。

8. **骨钳**　骨钳有剪刀式和小碟式两种。常与颅骨钻合用，打开颅腔。剪刀式骨钳适用于咬断骨质，小碟式骨钳适用于咬切骨片。

9. **动脉夹**　动脉夹有大小之分，主要用于夹闭动脉，暂时阻断血流，以便动脉插管；还可用于兔耳缘静脉注射时固定针头。

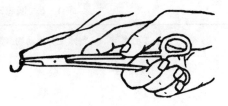

图 1-17　执持针器方法
（引自王庭槐，生理学实验教程，2004）

10. **各种插管**

(1) 血管插管：有动脉插管和静脉插管，用于急性动物实验时插入血管。

(2) 气管插管：Y 形管，有大小之分，用于急性动物实验时插入气管，以保证呼吸道通畅。

(3) 输尿管插管：用于输尿管，以收集尿液。

第四节　动物机能学实验常用试剂

（一）常用生理溶液

在进行离体器官或组织的实验时，为了维持标本的功能活动，需尽可能地使标本所处的环境与体内近似。这些环境包括电解质成分、渗透压、酸碱度、温度和某些营养物质等，这样的溶液称为生理溶液。最常见的生理溶液为 0.9%（恒温动物）或 0.65%（变温动物）的 NaCl 溶液，又称为生理盐水。因为生理盐水的理化特性与体液有很大不同，所以难以长时间维持离体器官或组织的正常功能活动，为此，S. Ringer 研制了能维持蛙心长时间跳动的溶液，称为任氏液或林格液。表 1-5 是动物机能学实验中常用的生理溶液。

表 1-5　常用生理溶液的名称及成分（g/1 000 mL）

成分	生理盐水		任氏液	乐氏液	台氏液
	两栖类用	哺乳类用	两栖类用	哺乳类用	哺乳类用
NaCl	6.5	9.0	6.5	9.0	8.0
KCl	—	—	0.14	0.42	0.2
$CaCl_2$	—	—	0.12	0.24	0.2
$NaHCO_3$	—	—	0.2	0.2	1.0
NaH_2PO_4	—	—	0.01	—	0.05
$MgCl_2$	—	—	—	—	0.1
葡萄糖	—	—	—	1.0～2.5	1.0

注："—"表示不添加。配制生理溶液时应先将各种成分分别溶解后，再逐一混合，$CaCl_2$ 最后加入，否则会产生沉淀，致使溶液混浊。葡萄糖应在临用前加入，因含有葡萄糖的溶液不能久置。

对于低等动物，包括海水和淡水无脊椎动物，由于其生活环境不同，所需生理溶液的成分和比例也有差别。表 1-6 列出了一些低等动物的生理溶液。

表 1-6 低等动物的生理溶液（g/1 000 mL）

成 分	人工海水	海水无脊椎动物（蟹）	淡水无脊椎动物（淡水贝类）	淡水脊椎动物（淡水鱼）
NaCl	23.5	26.0	1.2	2.2
KCl	0.75	0.85	0.15	0.03
$CaCl_2$	1.17	1.50	0.125	0.016
$MgCl_2$	5.0	2.33	—	—
$MgSO_4$	—	—	—	—
H_3BO_3	—	0.55	—	—
NaOH	—	0.02	—	—
$NaHCO_3$	—	—	—	0.03
Na_2SO_4	4.0	3.0	—	—

注："—"表示不添加。

（二）常用抗凝剂

动物机能学实验中常涉及抗凝剂的使用，如测定血压时的动脉插管。表 1-7 是各种动物实验中常用的抗凝剂。

表 1-7 各种动物实验中常用的抗凝剂

抗凝剂	体内抗凝剂用量或浓度				体外抗凝剂用量（每毫升血液毫克数）	备 注
	兔	犬	猫	大鼠		
肝素（每千克体重毫克数）	10	5~10	10	2.5~3.0	0.1~0.2	1 mg=100 IU
枸橼酸钠	6%	5%	7%	6%	3~6	碱性强，影响心脏
乙二胺四乙酸盐（EDTA 盐）	—	—	—	—	1~1.5	常用 15%的溶液
草酸钾	—	—	—	—	1~2	常用 2%~10%溶液

注：草酸钾少用于体内抗凝。

第五节 动物机能学实验常用实验动物

一、实验动物的种类

实验动物是指根据实验的需要，有目的、有计划地进行科学育种、繁殖和饲养的动物。实验动物必须具有明确的生物学特性和清楚的遗传背景，具有较好的遗传均一性和对外来刺激的敏感性，以保证实验的再现性。

1. 蛙和蟾蜍 蛙和蟾蜍均属两栖纲无尾目，是变温动物。其心脏在离体情况下仍能有节奏地搏动很久，常用于制备体外心脏标本。其坐骨神经-腓肠肌标本可用来观察各种刺激或药物对周围神经、横纹肌或神经肌肉接头的作用；肠系膜是观察微循环变化的良好标本；脊蛙可进行脊休克、脊髓反射等实验。

2. 小鼠 小鼠属哺乳纲啮齿目鼠科。其繁殖周期短、产仔多、生长快、温顺易捉、饲养操作方便，是实验中用途最广泛和最常用的动物。

3. 大鼠 大鼠属哺乳纲啮齿目鼠科。其性情不如小鼠温顺，受惊时表现凶暴，易咬人。雄性大鼠常出现殴斗和咬伤。用途广，如用于胃酸分泌、胃排空、水肿和炎症等的研究。

4. 豚鼠 豚鼠属哺乳纲啮齿目豚鼠科，又名天竺鼠、荷兰猪，性情温顺。因其对组胺敏感，并易于致敏，故常用于抗过敏药和抗组胺药的实验。也常用于离体心脏实验和钾代谢障碍、酸碱平衡紊乱的研究。

5. 兔 兔属哺乳纲啮齿目兔科。其品种很多，常用的有以下几种。

（1）青紫蓝兔：体质强壮，适应性强，易于饲养，生长较快。

（2）中国本地兔（白家兔）：抵抗力不如青紫蓝兔强。

（3）大耳白兔：耳朵长而大，血管清晰，被毛白色，但抵抗力较差。

（4）新西兰白兔：引进的大型优良品种，成年兔体重在4～5.5 kg。

兔性情温顺，便于静脉注射、取血和灌胃，是生理教学实验中最常用的动物。由于兔耳缘静脉位于浅表，清晰可见，是静脉给药的最佳部位；兔的减压神经在颈部与迷走神经和交感神经分开而单独为一束，因此常用于血压的调节、呼吸运动的调节、尿生成调节等多种实验；兔的消化道运动活跃，还可用于消化道平滑肌特性及运动的实验。

6. 猫 猫属哺乳纲食肉目猫科。猫的血压比较稳定，而兔的血压波动较大，故观察血压反应猫比兔好。

7. 犬 犬属哺乳纲食肉目犬科。犬嗅觉和听觉灵敏，对外环境适应力强；血液循环、消化系统和神经系统均很发达，与人类较接近，是较理想的实验动物。常用于心血管系统、条件反射、内分泌腺摘除和各种消化系统的实验。

二、实验动物的捉拿方法

1. 蛙和蟾蜍 用拇指、食指和中指抓持蛙的头部和前肢，无名指和小指抓持后肢。捣毁蛙的脑和脊髓时，用左手食指和中指夹持蛙前肢，无名指和小指夹持蛙后肢，拇指按压蛙头部枕骨大孔，右手将金属探针经枕骨大孔向下再向前刺入颅腔，左右摆动探针捣毁脑组织，然后退回探针向后刺入椎管，破坏脊髓（图1-18）。

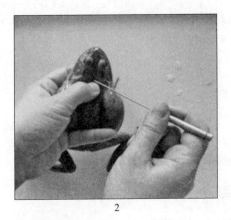

图1-18 蛙的捉拿方法

1. 蛙的捉拿方法　2. 捣毁蛙的脑和脊髓

2. 兔　一手抓住兔颈背部皮肤，轻轻将兔提起，另一手托住其臀部，使兔呈坐位姿势（图1-19）。

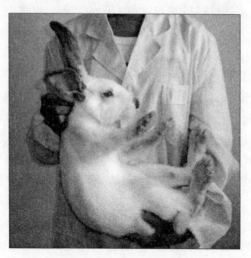

图1-19　兔的捉拿方法

3. 小鼠　用右手提起小鼠尾部，放在鼠笼盖或其他粗糙面上，向后上方轻拉，此时小鼠前肢会紧紧抓住粗糙面，然后迅速用左手拇指和食指捏住小鼠双耳及头部皮肤，使其腹部朝上，并用小指和手掌夹持其尾根部固定手中（图1-20）。

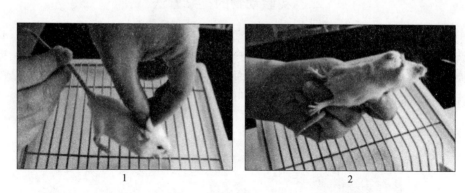

图1-20　小鼠的捉拿及固定方法
1. 捉拿　2. 固定

三、实验动物的给药方法

实验动物的给药途径和方法可根据动物种类、实验目的和药物而定。

（一）经口给药法

有口服与灌胃两种方法。口服法可将药物拌入饲料或溶于饮水中，让动物自行摄取。为保证剂量准确，常使用灌胃法，适用于小鼠、大鼠、豚鼠和兔等动物。

1. 口服法 将能溶于水的药物溶于动物饮水中，不溶于水的药物拌入动物饲料中，让动物自行摄取。此方法简单易操作，不会引起动物的应激反应，常用于动物慢性药物干预实验，如药物药效实验、药物毒性实验等。缺点是药物易损失，药物摄入计算不准确，影响结果分析的准确性。

2. 灌胃法

（1）小鼠、大鼠、豚鼠灌胃：将灌胃针安在注射器上，吸入药液。左手抓住鼠背部及颈部皮肤将动物固定，使其腹部朝上。右手持注射器，将灌胃针从动物口角插入口腔，再沿着上腭壁轻轻插入食管。插管时注意动物反应，若灌胃针插入顺利，动物安静，呼吸正常，则可推入药物。若感到有阻力或动物挣扎时，应拔出灌胃针重插，以免损伤食管或误入气管。

（2）兔灌胃：先将兔固定，将木制开口器放入兔口中，并用绳将其固定于嘴部。将一橡皮导管经开口器上的小圆孔插入，沿着上腭壁插入食管。检查导管是否插入食管，可将导管外口置于一盛水的烧杯中，若无气泡冒出，则认为此导管是在食管中，即可将药液灌入。

（二）注射给药法

1. 皮下注射

（1）小鼠：通常在背部皮下注射。注射时用左手拇指和中指将小鼠颈背部皮肤轻轻提起，食指轻按其皮肤，使其形成一个三角形小窝。右手持注射器从三角窝下部刺入皮下，轻轻摆动针头，易摆动则表明针尖在皮下，可将药液注入。拔针后，用手指轻轻按压针刺部位，以防药液流出。

（2）兔：参照小鼠皮下注射法。

2. 肌内注射

（1）小鼠：小鼠因骨骼肌不发达，一般不做肌内注射。若需要，以股部肌肉较合适。可将小鼠固定后，拉直其左后肢或右后肢，将针头刺入后肢大腿外侧肌肉注射。

（2）兔：固定兔后，注射器与肌肉呈60°角，刺入骨骼肌时，注意避免将针刺入血管。注射后轻轻按压注射部位，以助药物吸收。

3. 腹腔注射

（1）小鼠：左手固定动物，使腹部朝上，头呈低位。右手持注射器，在小鼠下腹部靠近腹白线稍左或右的位置刺入皮下，沿皮下向前推进3～5 mm，再以45°角穿过腹肌进入腹腔，此时感觉抵抗力消失，即可缓缓注入药液。

（2）兔：参照小鼠腹腔注射法。家兔在腹白线两侧约1 cm处注射为宜。

4. 静脉注射

（1）小鼠：一般采用尾静脉注射。先将小鼠固定于固定器内（可采用筒底有小口的玻璃筒），鼠尾露出，用45～50 ℃的温水浸泡或用75%乙醇棉球擦拭尾部，使血管扩张。以左手拇指和食指捏住尾根部两侧，尾静脉充盈更明显。以无名指和小指夹持尾尖部，中指从下托起尾固定。右手持注射器，呈30°角刺入静脉。若针确已在静脉内，则注药无阻，否则局部发白隆起，应拔出针头再移向前方静脉部位重新注射。注射完毕，拔出针头，轻按压注射部止血。

（2）兔：一般采用耳缘静脉注射。注射前先剪去注射部位的被毛，用手指轻弹兔耳，或用75%乙醇棉球擦拭耳部，耳缘静脉即显现出来。用左手食指与中指夹住静脉的近心端，阻止静脉回流，使静脉充盈，拇指和无名指固定耳缘静脉远心端。右手持针尽量从远端刺入，回抽有回血后，放开食指和中指，用拇指和食指固定针头，将药液注入。若注射阻力较大或出现局部肿胀，说明针头没有刺入静脉，应立即拔出，在原注射点的近心端重新刺入。注射完毕，拔出针头，用棉球压住注射部位，以免出血（图1-21）。

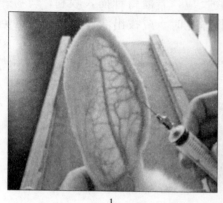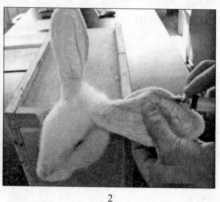

图1-21 兔耳缘静脉注射

1. 耳缘静脉 2. 注射

5. 淋巴囊注射 蛙和蟾蜍皮下有数个淋巴囊，对药物易吸收，一般多以胸淋巴囊、腹淋巴囊或股淋巴囊作为注射部位。胸淋巴囊注射时应将针头刺入口腔，再经口腔穿刺到胸部皮下淋巴囊，注入药液。腹淋巴囊注射时应将针头由小腿刺入，经膝关节穿刺到股部皮下淋巴囊，注入药液。

四、实验动物的麻醉

（一）麻醉药的种类

进行在体动物实验时，为了减轻或消除动物疼痛、使其保持安静状态，以保证实验顺利进行，在手术前必须对动物进行麻醉。麻醉动物时，应根据不同的实验要求和不同的动物选择麻醉药。

1. 局部麻醉 局部麻醉药会可逆地阻断神经纤维传导冲动而产生局部麻醉作用。如以0.5%～2.0%普鲁卡因给兔颈部皮下做浸润麻醉，可进行颈部局部手术。

2. 全身麻醉

（1）吸入麻醉：常用的吸入麻醉剂是乙醚，有开放法和封闭法两种。开放法是将乙醚棉球放入小烧杯中，然后将小烧杯开口罩于动物口鼻处，让其吸入；或将沾有乙醚的纱布捂住动物口鼻，让其直接吸入。封闭法是将乙醚棉球先放入一密闭容器内，再将动物置于容器内，让其吸入乙醚麻醉。两种方法均应密切观察动物的呼吸情况，把握麻醉深度，不宜过浅或过深，过浅不利于实验的进行，过深容易导致动物死亡。

（2）注射麻醉：常用的注射麻醉剂及给药途径见表1-8。

表 1-8　注射麻醉剂的剂量和给药途径

药物（常用浓度）	动物	给药方法	剂量（每千克体重毫克数）	维持时间（h）	备注
戊巴比妥钠 (1%～5%)	犬、猫、兔	IV	30	1～2	
		IP	30	1～2	
		IH	50	1～2	
	大鼠	IP	45	1～2	
	小鼠	IP	45	1～2	
硫喷妥钠 (5%)	犬、猫	IV、IP	20～30	0.25～0.5	抑制呼吸，IV宜慢，临用时现配
	兔、大鼠	IV、IP	20～30	0.25～0.5	
氯醛糖 (2%)	猫、兔	IV、IP	80	5～6	安全，肌松不全
	大鼠	IV、IP	80	5～6	
氨基甲酸乙酯 (20%)	猫、兔	IV、IP	900～1 000	2～4	毒性小，较安全
	小鼠、大鼠	IM	1 300	2～4	
	蛙	淋巴囊注射	2 000	2～4	

注：IV为静脉注射，IP为腹腔注射，IH为皮下注射，IM为肌内注射。

巴比妥类：巴比妥类药物的吸收和代谢速率不同，其作用时间也有长有短。巴比妥类药物对呼吸中枢有较强的抑制作用，麻醉过深时，动物会停止呼吸，应注意防止给药过多、过快。

氯醛糖：氯醛糖溶解度较小，使用前需先在水浴锅中加热，使其溶解，但加热温度不宜过高，以免降低药效。氯醛糖安全范围大，能持久浅麻醉，对植物性神经中枢无明显抑制作用，对痛觉的影响也极小，特别适用于研究要求保留生理反射（如心血管反射）或神经系统反应的实验。

氨基甲酸乙酯：与氯醛糖类似，能持久地浅麻醉，对呼吸无明显影响。氨基甲酸乙酯对兔的麻醉作用较强，是家兔急性实验常用的麻醉药。

与乙醚比较，巴比妥类、氯醛糖和氨基甲酸乙酯等注射麻醉药的优点是使用方法简单；一次给药可维持较长时间的麻醉状态；麻醉过程较平稳，不需要专人管理，动物无明显挣扎现象。缺点是动物苏醒较慢。

（二）各种动物的麻醉方法

1. 小鼠　吸入麻醉或注射麻醉，注射麻醉时多采用腹腔注射法。

2. 大鼠　多采用腹腔麻醉，也可采用吸入麻醉。

3. 兔　多采用耳缘静脉注射麻醉。注射麻醉剂时前2/3量注射速度可较快，后1/3量要慢，并密切观察兔的呼吸及角膜反射等变化。在用巴比妥类麻醉剂时，要特别注意观察兔呼吸的变化，当呼吸由浅而快转为深而慢时，表明麻醉深度已经足够，应停止注射。

（三）麻醉注意事项

（1）正确选用麻醉药品，注意用药剂量及给药途径。
（2）不同个体对麻醉药的耐受性不同，麻醉过程必须密切观察动物的状态，包括呼吸的深度和快慢、角膜反射的灵敏度、四肢及膜壁肌肉的紧张性以及皮肤夹捏反应等，以判断麻醉深度。

(3) 实验过程中如麻醉过浅，可临时补充麻醉剂，但一次补充剂量不宜超过总量的1/5。

(4) 麻醉过程中，应保持动物呼吸道畅通，并注意保温。

五、实验动物的标记法

（一）染色标记法

染色标记法指用化学制剂涂染动物背部或四肢一定部位的皮毛，以代表一定的编号。因染色标记法方便，是实验室最常用的方法，尤其适用于白色皮毛动物，如大耳兔、大鼠和小鼠。

1. 常用的涂染化学制剂

(1) 红色制剂：0.5%中性红或品红。

(2) 黄色制剂：3%~5%苦味酸溶液。

(3) 咖啡色制剂：2%硝酸银溶液。

(4) 黑色制剂：煤焦油乙醇溶液。

2. 常用的染色方法

(1) 直接用染色剂在动物被毛上标记号码。此法简单，但若动物太小或号码位数太多，则不宜采用此法。

(2) 用一种染色剂涂染动物身体的不同部位。一般为先左后右，从上到下，顺序是左前腿1号，左腹部2号，左后腿3号，头部4号，腰部5号，尾根部6号，右前腿7号，右腰部8号，右后腿9号。

(3) 用多种染色剂涂染动物身体的不同部位。可用一种颜色作为十位，另一种颜色作为个位，配合方法（2）交互使用可编到99号。如要标记18号，红色作为十位，黄色作为个位，就可在动物左前腿涂上红色，右腰部涂上黄色。

染色标记法简单、易操作、适用于短期实验，但时间长了易褪色，若要做长期实验，可每隔2~3周复染一次。

若实验动物为鼠，也可用鼠尾标记法编号，即用染色剂直接涂画在鼠尾部（图1-22）。

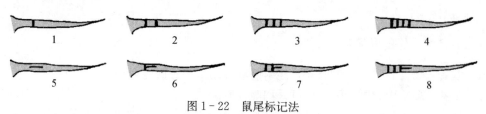

图1-22 鼠尾标记法
图中数字表示标记的号码
(引自金天明，动物生理学实验教程，2012)

（二）挂牌法

挂牌法指将编好的号码烙印在金属牌上，然后挂在实验动物的身上或笼具上，以区别实验动物的一种方法。金属号牌可固定于动物的颈部、耳部或肢体，大动物可系于颈上。金属号牌应选用不生锈、刺激小的金属材料制备。

第二章

基 础 实 验

第一节 细胞的基本功能实验

实验一 蛙坐骨神经-腓肠肌标本的制备

【实验目的】

熟悉蛙坐骨神经-腓肠肌标本的制备方法,初步掌握几项基本实验操作。

【实验原理】

蛙类的一些基本生命活动和生理功能与温血动物相似,而其组织在离体状态下易于控制和掌握,所以蛙类的神经-肌肉标本常用于研究组织的兴奋性和兴奋过程,以及刺激的一些规律和特性。

【实验准备】

1. **动物** 蛙或蟾蜍。
2. **试剂** 任氏液。
3. **器材** 解剖器械、锌铜弓、培养皿、烧杯、棉花和线等。

【实验方法与步骤】

1. **破坏脑和脊髓** 取蛙一只,用蛙针从枕骨大孔垂直插入,向前伸入颅腔,捣毁脑髓;向后插入椎管,捣毁脊髓(图2-1);或沿蛙鼓膜后缘剪去大脑,再用蛙针垂直插入椎管,捣毁脊髓。

若蛙处于瘫痪状态,表示脑和脊髓破坏完全。若蛙仍有反射活动,表示脑或脊髓破坏不完全,必须重新破坏。

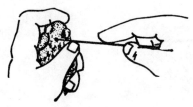

图2-1 破坏脑和脊髓

(引自王庭槐,生理学实验教程,2004)

2. **剥离皮肤** 先剪去尾椎末端及泄殖腔附近的皮肤,然后沿两侧腋部将蛙皮肤剪开一圈,向后剥离皮肤,直至趾端(图2-2)。倒提除去内脏,留下一小段脊柱,其余

去除内脏时,注意不要伤及坐

剪去。将标本放在滴有任氏液的玻璃蛙板上。将手及使用过的解剖器械洗净。

骨神经。

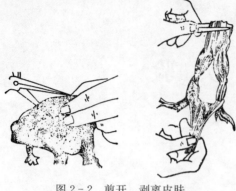

图2-2 剪开、剥离皮肤
（引自王庭槐，生理学实验教程，2004）

注意保留一小段脊柱，以备进行标本检验时，用镊子提起脊柱，以便锌铜弓刺激神经。

3. 将标本分离为两部分 沿脊柱正中线将标本均匀地分成左右两半，一半浸入盛有任氏液的烧杯中备用，另一半做进一步剥离。

4. 分离坐骨神经 在大腿背侧的半膜肌与股二头肌之间用玻璃分针分离出坐骨神经。注意分离时要仔细用剪刀剪断坐骨神经的分支，向上分离至基部，向下分离到腘窝。保留与坐骨神经相连的一小段脊柱，将分离出来的坐骨神经搭于腓肠肌上；去除膝关节以上的全部大腿肌肉，剪去股骨上附着的肌肉，保留的部分就是坐骨神经及股骨。

5. 分离腓肠肌 在跟腱上扎一线，提起结线，剪断结线后的跟腱，腓肠肌即可分离出来。此时在膝关节下方将其他所有组织全部剪去。至此，带有股骨的坐骨神经-腓肠肌标本制备完成（图2-3）。

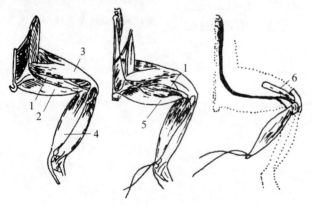

图2-3 坐骨神经和腓肠肌的分离
1. 股二头肌 2. 半膜肌 3. 股三头肌 4. 腓肠肌 5. 半膜肌 6. 股骨
（引自王庭槐，生理学实验教程，2004）

制备好的标本应及时移入盛有任氏液的培养皿中，以保持兴奋性，供实验用。

6. 标本的检验 将坐骨神经-腓肠肌标本放置在玻璃蛙板上，用锌铜弓刺激坐骨神经，若腓肠肌迅速发生收缩反应，说明标本机能良好，制备成功。

【注意事项】

(1) 剥制标本时，切忌用金属器械牵拉或触碰神经干，以免神经肌肉标本兴奋性降低。

(2) 分离肌肉时应按层次剪切。分离神经时，必须将周围的结缔组织剥离干净。

(3) 制备标本过程中，应随时用任氏液润湿神经和肌肉，防止干燥。

(4) 勿让蛙的皮肤分泌物和血液等污染神经和肌肉，也不能用水冲洗，否则会影响神经肌肉的机能。

【实验结果与分析】

描绘所制备的蛙坐骨神经-腓肠肌标本，分析锌铜弓检验标本引起腓肠肌收缩的原因。

【思考题】

(1) 任氏液的组成及作用是什么？

(2) 用锌铜弓检验标本兴奋性时，为什么要从中枢端开始？

实验二　生物电现象的观察

【实验目的】

通过实验证明动物机体内生物电现象的存在。

【实验原理】

电流的刺激作用于神经肌肉标本，由于产生生物电流，因而引起肌肉的收缩。而神经肌肉标本在损伤或正在兴奋时，都有电位的改变，所以可把神经肌肉标本的神经放在组织正常部位和损伤部位之间，或放在正在兴奋的组织上，都能引起肌肉的收缩，从而证明损伤电位和动作电位的存在。

【实验准备】

1. 动物 蛙或蟾蜍。

2. 试剂 任氏液。

3. 器材 解剖器械、锌铜弓和玻璃分针等。

【实验方法与步骤】

1. 实验准备操作 先做好两个坐骨神经-腓肠肌标本，并用锌铜弓检查标本兴奋性是否正常。

要求两个神经肌肉标本都保持高度的兴奋性。

2. 实验项目

(1) 将一个神经肌肉标本的神经快速置于大腿肌肉的损伤部和正常部之间，观察在接触时是否引起肌肉的收缩。

大腿肌肉尽量保持完整，新剪开的伤口，效果更好。

(2) 将甲标本的神经放在乙标本的肌肉上，再用锌铜弓刺激乙标本的神经，观察是否引起甲标本肌肉的收缩。

甲标本的神经可呈S形放在乙标本的肌肉上，增大接触面积，效果较好。

【注意事项】

要求神经肌肉标本保持高度的兴奋性，标本制备好后应立即进行实验。

【实验结果与分析】
记录实验结果,证明生物电现象的存在,并分析产生生物电的原因。
【思考题】
(1) 损伤电位与动作电位有什么不同?
(2) 用锌铜弓刺激乙标本的神经,为什么会引起甲标本肌肉的收缩?

实验三 不同的刺激强度和频率对肌肉收缩的影响

【实验目的】
了解肌肉收缩及不同刺激强度和频率对肌肉收缩的影响。

【实验原理】
1. 刺激强度对肌肉收缩的影响 单根肌纤维对刺激的反应具有"全或无"的特性,而腓肠肌由许多兴奋性不同的肌纤维组成,所以不同的刺激强度会使肌肉出现不同程度的收缩。在一定的刺激时间条件下,刚能引起腓肠肌兴奋性较高的肌纤维产生兴奋并发生收缩的刺激强度称为阈强度,该刺激称为阈刺激。低于阈刺激的称为阈下刺激,不能引起腓肠肌收缩。高于阈刺激的称为阈上刺激,随着阈上刺激的不断增大,会使腓肠肌内较多的肌纤维兴奋,肌肉的收缩反应也会相应逐步增大。但当刺激强度增大到某一值时,腓肠肌内所有的肌纤维均兴奋,此时肌肉发生最大的收缩,即使再继续增大刺激强度,肌肉收缩反应也不会继续增大,该刺激称为最大刺激或最适刺激。

2. 刺激频率对肌肉收缩的影响 骨骼肌受到一次阈刺激或阈上刺激时可产生一次收缩,称为单收缩,其过程包括潜伏期、收缩期和舒张期3个时期。当骨骼肌受连续刺激时,若刺激频率较低,每一个新的刺激到来时由前一次刺激引起的单收缩过程已经结束,于是每个刺激都引起一次独立的单收缩。随着刺激频率不断增加,后一个刺激有可能在肌肉前一次收缩还未结束即到达肌肉,于是肌肉出现收缩的综合。若肌肉每次收缩的舒张期还未结束又开始下一次收缩,使描记的曲线呈锯齿状波,称为不完全强直收缩。若肌肉每次收缩的收缩期还没结束又开始下一次收缩,使描记的曲线出现没有舒张期的持续收缩曲线,称为完全强直收缩。

【实验准备】
1. 动物 蛙或蟾蜍。
2. 试剂 任氏液。
3. 器材 BL-420E$^+$生物机能实验系统、蛙板、蛙针、大头针、解剖器械、张力换能器、铁支架、双凹夹、丝线和滴管等。

【实验方法与步骤】
1. 标本制备与安装 取蛙一只,破坏其脑和脊髓,仰卧固定于蛙板上,在其小腿处剪开皮肤,将一丝线用小镊子在腓肠肌肌腱下穿过并打结,然后提起结扎线,在其下方剪断跟腱,并逐步游离腓肠肌至膝关节处。结扎线的另一端连一金属小钩。用兼作刺激电极之一的大头针横穿肌肉中部,另一极的大头针插于近膝关节的肌肉端。将金属小钩钩在张力换能器悬梁的小孔上,调整换能器位置使肌腱系线与换能器悬梁臂成垂直线并使肌肉轻度拉长。

注意大头针与刺激器的连接要形成一个回路,不要短路。

肌腱系线与张力换能器悬梁臂要成垂直线,且丝线不要太长,以便更好地描记肌肉收缩张力曲线。

2. 仪器连接 将张力换能器的输入端与 BL-420E$^+$ 生物机能实验系统的第一通道相连。在"实验项目"的"肌肉神经实验"子菜单选择"刺激强度与反应的关系"和"刺激频率与反应的关系"实验模块。根据信号窗口显示的波形，再适当调节实验参数以获得最佳的波形效果。

3. 观察项目

（1）刺激强度与肌肉收缩的关系：选择单刺激，设置刺激强度，从 0 开始逐渐加大刺激强度，每次增加幅度为 0.05～0.1 V，通过描记曲线可见，在刺激强度很小时不出现肌肉收缩，强度达某一值时肌肉出现最小收缩，此即为阈强度。继续增大刺激强度，肌肉收缩幅度相应逐渐增大，达某一刺激强度时，肌肉收缩幅度最大，此后肌肉收缩将不再随刺激强度的增大而增大，此即最大刺激或最适刺激（图 2-4）。

在 BL-420E$^+$ 生物机能实验系统刺激对话框中输入所需数字进行控制即可。

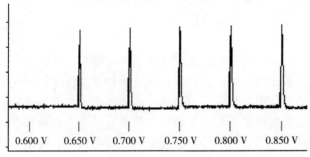

图 2-4 刺激强度与肌肉收缩的关系

（2）刺激频率对肌肉收缩的影响：用中等刺激强度连续刺激肌肉，调节刺激频率，从低频开始逐渐升高刺激频率，则可获得肌肉由单收缩逐渐过渡到不完全强直收缩和完全强直收缩的一系列曲线（图 2-5）。

在 BL-420E$^+$ 生物机能实验系统"刺激频率与反应的关系"实验模块中选择经典实验。

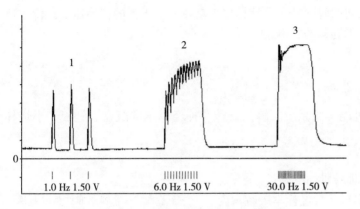

图 2-5 刺激频率与肌肉收缩的关系
1. 单收缩 2. 不完全强直收缩 3. 完全强直收缩

【注意事项】
(1) 实验过程中，需用任氏液湿润标本，防止标本干燥而失去兴奋性。
(2) 每次刺激导致腓肠肌收缩后，必须让标本休息 0.5～1 min。

【实验结果与分析】
(1) 记录实验结果，描记肌肉的收缩曲线，或剪辑、打印、粘贴收缩曲线图。
(2) 分析刺激强度和频率影响肌肉收缩的原因。

【思考题】
(1) 为什么随着刺激强度的增大，肌肉的收缩幅度也增大？为什么增大到一定数值时，肌肉的收缩幅度达最大，不再随着刺激强度的增大而增大？
(2) 不完全强直收缩与完全强直收缩是怎样形成的？它们有什么区别？

实验四　蛙坐骨神经干动作电位的观察

【实验目的】
学习蛙类坐骨神经干双相动作电位、单相动作电位的记录方法，并能分析神经干动作电位的基本波形；掌握神经干动作电位传导速度的测定方法。

【实验原理】
可兴奋组织兴奋时，膜电位会发生一个短暂变化，由安静状态下细胞膜的外正内负极化状态变为兴奋状态下细胞膜的外负内正极化状态。因此，兴奋部位和静息部位之间存在电位差。由这种短暂的电位差所产生的局部电流引起相邻未兴奋部位的去极化，使动作电位沿细胞膜传遍整个细胞。这种短暂的可传播的膜电位变化称为动作电位，它可作为细胞兴奋的标志。若将两个记录电极置于完整的神经干表面，当动作电位先后流过两电极时，可记录到双相的曲线，称为双相动作电位；若将两个记录电极置于神经干损伤部位的两侧，因神经纤维的完整性被破坏，使动作电位传导受阻，只能记录到单相的曲线，称为单相动作电位。神经干由许多神经纤维组成，神经纤维的动作电位具有"全或无"的特性，但由于不同神经纤维的兴奋性不同，故神经干的动作电位与神经纤维的不同。神经干动作电位的幅度在一定范围内可随刺激强度的变化而变化，因而不具有"全或无"的特性。

神经干是由具有不同阈值和传导速度的神经纤维组成的混合神经，根据两组记录中引导的两个峰电位（图形的尖端）之间的时间差，可计算出兴奋在神经干上的传导速度。传导速度的快慢主要受纤维直径及其有无髓鞘的影响。

【实验准备】
1. **动物**　蛙或蟾蜍。
2. **试剂**　任氏液。
3. **器材**　BL-420E$^+$生物机能实验系统、解剖器械、神经标本屏蔽盒、蛙板、小烧杯和滴管等。

【实验方法与步骤】
1. **标本制备**　蛙坐骨神经-腓肠肌标本制备。
2. **标本放置**　将神经干标本置于神经标本屏蔽盒内。　　　将神经干粗端靠近刺激电极。
3. **仪器连接**　按图 2-6 连接仪器，开机启动计算机进入 BL-420E$^+$生物机能实验系统。

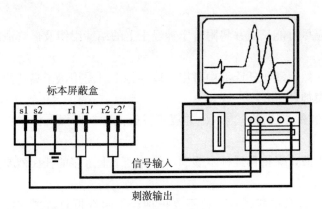

图2-6 观察神经干动作电位及测定神经冲动传导速度的装置图
（引自胡还忠，医学机能学实验教程，2010）

4. 菜单选择 点击"实验"下拉菜单，进入"肌肉神经实验"的"神经干动作电位"界面；选择适当的刺激参数（模式：粗电压；刺激方式：单刺激或连续单刺激；延时：5 ms；波宽：0.05 ms；强度：中等阈上刺激，0.3～2 V），点击"开始记录"按钮，开始实验。

若波形不理想，可适当调整"刺激强度1"的"增益选择"。

改变刺激强度后，要重新启动刺激。

5. 观察项目

（1）测定阈强度和最大刺激强度：选定"刺激强度"，改变强度值（从小开始慢慢调大）至动作电位刚出现时，此时的刺激强度即为阈强度，相应的刺激即为阈刺激。随后增大刺激强度，动作电位也增大，当动作电位达最大时的刺激强度即为最大刺激强度，相应的刺激为最大刺激。

将神经干标本放置的方向调换后，双相动作电位的波形有无变化？

将两根引导电极 r1 和 r2 的位置调换，动作电位波形有何变化？

（2）测定传导速度：点击"实验"下拉菜单，进入"肌肉神经实验"中"神经干兴奋传导速度的测定"界面。在弹出的对话框"请输入两对传导电极之间的距离"中输入第一、第三引导电极的实际距离（mm），选择适当的刺激参数（同上，可在 CH1 和 CH2 通道得到理想动作电位，注意两通道显速必须相同，均设为 0.63 ms/div），按鼠标右键弹出菜单，选择"比较显示"，使两通道动作电位重叠，然后鼠标点击"区间测量"，移至第一个动作电位起始点或向上波尖点击一下，再移到第二个动作电位起始点或向上波尖点击一下，测得两动作电位起始点或两动作电位向上波尖的距离，得到"宽度"的时间（动作电位从第一引导电极传到第三引导电极所需要的时间）。

将神经干标本置于 4℃ 的任氏液中浸泡 5 min 后，再测定神经冲动的传导速度。

（3）观察单相动作电位：以上观察的都是双相动作电位（图2-7）。用小镊子在 r1、r1′或 r2、r2′电极之间夹伤神经干，可见动作电位的第二相消失，变为单相动作电位。

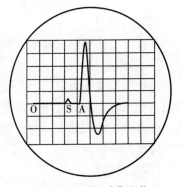

图2-7 双相动作电位
（引自金天明，动物生理学实验教程，2012）

【注意事项】

（1）制备神经标本时，神经干应尽可能长，并将附着于神经干上的结缔组织及血管清除干净，但切勿损伤神经干。

（2）神经干两端要用细线结扎，然后浸于任氏液中备用。取神经干时需用镊子夹持两端结扎线，切不可直接夹持或用手触摸神经干。

（3）将神经干每隔 10 min 从神经标本屏蔽盒内取出并浸于任氏液中，以保持标本良好的兴奋性。

（4）实验过程中要经常滴加任氏液，保持神经标本湿润，但神经干上过多的任氏液要用滤纸片吸去。

（5）神经干不能与神经标本屏蔽盒盒壁相接触，也不要把神经干两端折叠放置在电极上，以免影响动作电位的波形。

（6）测定动作电位传导速度时，两对引导电极间的距离应尽可能大。

（7）神经标本屏蔽盒用毕应及时清洗并擦干。

【实验结果与分析】

（1）分别计算正常的神经干和低温浸泡后的神经干的动作电位传导速度，公式如下。

$$v = \frac{d}{t_2 - t_1}$$

v 表示神经干动作电位的传导速度，单位为 m/s；d 表示两对引导电极起始电极之间的距离；t_1 和 t_2 分别表示从刺激伪迹到两个动作电位起始点的时间。

（2）对各组的实验结果加以统计，用平均值±标准差表示。

【思考题】

（1）为何一般记录到的动作电位波形是不对称的？

（2）神经被夹伤后，动作电位的第二相为何消失？

（3）将神经干标本置于 4 ℃任氏液中浸泡后，神经冲动的传导速度有何改变？为什么？

（4）引导电极调换位置后，动作电位波形有无变化？为什么？

第二节　血液系统实验

实验五　红细胞沉降率的测定

【实验目的】

掌握测定红细胞沉降率（血沉）的方法。

【实验原理】

将抗凝血置于血沉管中，红细胞由于密度较大而逐渐下沉。通常以第一小时红细胞下沉的距离表示红细胞的沉降率，简称血沉。当血浆性质发生某些变化时，红细胞能较快发生叠连，使其总表面积减少，与血浆的摩擦力减小，导致下沉较快。因此，临床上血沉可作为某些疾病检测的指标之一。

【实验准备】

1. 动物　家兔。

2. 试剂　抗凝剂（5%柠檬酸钠溶液）。

3. 器材 血沉管、血沉管架、试管、1 mL 移液管、注射器和 75%乙醇棉球等。

【实验方法与步骤】

1. 采血 从兔耳缘静脉采血 2 mL，准确将 1.6 mL 血液加入含 5%柠檬酸钠溶液 0.4 mL 的抗凝管中，混匀，制成抗凝血。

2. 取血 取一支血沉管，吸入混匀的抗凝血至"0"刻度处，用滤纸擦去血沉管外的血液，并将血沉管垂直固定于血沉架上。

注意血沉管应垂直放置。

3. 观察记录结果 于 1 h 后准确读取红细胞下沉后上段的血浆高度（mm），即为红细胞沉降率（血沉）。

【注意事项】

（1）抗凝剂与血液比例为 1∶4，在不破坏红细胞的前提下，充分混匀。抗凝剂要现用现配。

（2）血沉管要垂直放置，不得有气泡。

（3）血沉快慢与温度密切相关，在一定范围内，温度越高血沉越快。因此，实验温度控制在 18～25 ℃为宜。

（4）实验必须在采血后 2 h 内完成，否则会影响实验结果的准确性。

（5）若沉降的红细胞上端呈斜坡形或尖峰形时，应选择图形的中间点读数。

【实验结果与分析】

记录实验结果，分析影响红细胞沉降率的因素。

【思考题】

（1）影响红细胞沉降率的因素有哪些？

（2）正常情况下，红细胞沉降率保持相对稳定的原因是什么？

（3）测定血沉在临床上有何实际意义？

实验六　红细胞比容的测定

【实验目的】

掌握测定红细胞比容的方法。

【实验原理】

红细胞在全血中所占的容积百分比，称为红细胞比容，也称红细胞压积。将一定量的抗凝血灌注于温氏管（也称温氏分血计）中离心沉淀，将血细胞和血浆分离，上层淡黄色的液体是血浆，下层暗红色的是红细胞，中间一层很薄的、灰白色的是白细胞和血小板。根据红细胞占全血的容积百分比，可计算出红细胞比容（图 2-8）。

【实验准备】

1. 动物 家兔。

2. 试剂 抗凝剂（双草酸盐溶液或 1%肝素钠）。

3. 器材 温氏管、台氏离心机、注射器、试管和 75%乙醇棉球等。

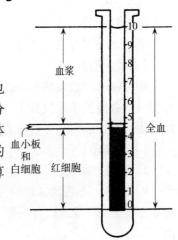

图 2-8　红细胞比容测定
（引自王国杰，动物生理学实验指导，第 4 版，2008）

【实验方法与步骤】

1. 准备 取试管和温氏管各一支，用抗凝剂均匀润壁后烘干备用。

2. 采血 用静脉采血法或心脏采血法。用消毒过的或一次性注射器抽取家兔血液，将血液沿试管壁缓慢注入试管内，然后用拇指按住试管口，缓慢颠倒试管2~3次，使血液与抗凝剂充分混匀，制成抗凝血。再用注射器抽取抗凝血2 mL，缓慢注入温氏管，并使血液精确到10 cm刻度处。

> 血液与抗凝剂充分混匀时，注意不要剧烈摇动，以免红细胞破裂溶血。
>
> 用注射器将抗凝血注入温氏管时要慢，注意防止产生气泡。

3. 离心 将盛有抗凝血的温氏管以3 000 r/min离心30 min后，取出温氏管，按刻度读取红细胞柱的高度，该读数的1/10即为红细胞比容。

【注意事项】

（1）选择不影响红细胞体积的抗凝剂双草酸盐溶液：草酸钾使红细胞皱缩，而草酸铵使红细胞膨胀，二者配合使用可互相缓解。

（2）用抗凝剂处理的温氏管必须清洁干燥。

（3）混匀血液与抗凝剂及注血时应避免红细胞破裂溶血，若有溶血，血浆成红色。

【实验结果与分析】

记录实验结果，分析影响红细胞比容的因素。

【思考题】

（1）影响红细胞比容的因素有哪些？

（2）如何防止红细胞溶血和产生气泡？

（3）测定红细胞比容的实际意义是什么？

实验七 血细胞计数

【实验目的】

了解血细胞计数的原理，并掌握用稀释法计数血细胞（红细胞和白细胞）的方法。

【实验原理】

用特制的计数血细胞的吸血管，准确吸取一定量的血液，以稀释液将血液稀释，然后将稀释过的血液置于计数板中，在显微镜下计数一定容积的稀释血液中的血细胞数，再将所得的结果，换算成每立方毫米血液中的红细胞数和白细胞数。

【实验准备】

1. 动物 家兔。

2. 试剂 抗凝剂（1%肝素钠溶液、5%柠檬酸钠溶液或10%草酸钾溶液）、75%乙醇、95%乙醇、乙醚、1%氨水、45%尿素和血细胞稀释液（红细胞稀释液和白细胞稀释液）。

（1）红细胞稀释液：NaCl 0.5 g，Na_2SO_4 2.5 g，$HgCl_2$ 0.25 g，加蒸馏水至100 mL。其中NaCl维持渗透压；Na_2SO_4增加溶液相对密度，使红细胞分布均匀，不易下沉；$HgCl_2$固定红细胞并防腐。也可直接用生理盐水（0.9% NaCl溶液）作为稀释液。

（2）白细胞稀释液：冰醋酸 1.5 mL，1%龙胆紫或 1%美蓝 1 mL，加蒸馏水至 100 mL。其中冰醋酸破坏红细胞；龙胆紫或美蓝可将白细胞核染成淡蓝色，以便观察计数。

3. 器材 显微镜、血细胞计数板、吸血管、试管、试管架、移液管（1 mL 和 2 mL）、滴管、注射器、滤纸和擦镜纸等。

【实验方法与步骤】

1. 熟悉血细胞计数板结构 常用的血细胞计数板为一特制的长方形厚玻璃板。计数板中央由 H 形凹槽分为上下两个完全相同的计数池（图 2-9），计数池内各有一个计数室。计数池的两侧各有一个支持柱，比计数池高出 0.1 mm。在显微镜低倍镜下观察，计数室由边长为 1 mm 的 9 个大方格组成。盖上盖玻片后每个大方格容积为 0.1 mm^3。9 个大方格中，位于四角的 4 个大方格用单线分为 16 个中方格，是计数白细胞的区域；位于中央的大方格用双线分成 25 个中方格，每个中方格又用单线分为 16 个小方格，其中位于四角和中央的 5 个中方格是计数红细胞的区域（图 2-10）。

将计数板对着光线用肉眼观察，可见计数室，上下各一个。

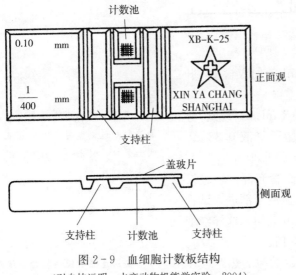

图 2-9 血细胞计数板结构
（引自桂远明，水产动物机能学实验，2004）

2. 仪器洗涤 实验前，首先检查血细胞计数板中吸血管和计数室是否干燥、清洁，若有污垢，应先洗涤干净。清洗吸血管先用自来水洗去污垢，再用蒸馏水清洗 3 遍，并尽量吹干；然后用 95%乙醇清洗两遍，以除去管内水分；最后吸入乙醚 1~2 次，以除去管内乙醇。如管内有血迹不易洗去，切不可用乙醇清洗，必须先用 1%氨水或 45%尿素浸泡一段时间，待血迹溶解后再按上述方法洗涤干净。计数板则只能用自来水和蒸馏水相继冲洗干净后，用擦镜纸轻轻拭干，切不可用乙醇和乙醚洗涤，以免损坏计数室。

严格按顺序清洗吸血管和计数室，否则会影响计数结果或损坏计数室。

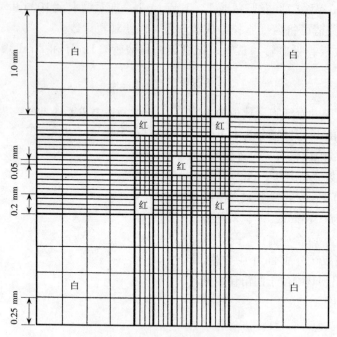

图 2-10 血细胞计数室
（引自桂远明，水产动物机能学实验，2004）

3. 采血 从兔的耳缘静脉采血 2 mL，加入含 1‰ 肝素钠的试管中，混匀，制成抗凝血。

4. 稀释 取 2 支试管，用 2 mL 和 1 mL 的移液管分别吸取红细胞稀释液 1.99 mL 和白细胞稀释液 0.38 mL 于试管内，备用。再用吸血管分别准确吸取 10 μL 和 20 μL 抗凝血于红细胞、白细胞稀释液试管底部，轻轻挤出血液，并反复吹吸几次，使管内残留血液全部进入试管内。分别摇动试管，使血液与稀释液充分混匀。这样红细胞被稀释了 200 倍，白细胞被稀释了 20 倍。

吸血管吸取血液量要准确，若血液稍超过刻度时，可用滤纸轻触吸血管口，吸出一些血液，以达到要求的刻度。

吸血管中不得有气泡，否则会影响计数结果。

5. 找计数室 在低倍镜下，调节显微镜的焦距，在暗视野下找到计数室。

6. 充液 将盖玻片盖在计数室上，用洁净的滴管吸取混匀的稀释血液，将滴管口靠近盖玻片的边缘，滴半滴稀释的血液于计数室与盖玻片交界处，稀释的血液借助毛细现象可自动均匀地渗入计数室。静置 2~3 min，待细胞充分下沉后开始计数。

要注意显微镜载物台应绝对平置，不能倾斜，以免红细胞向一边集中。

7. 计数 调节微调旋钮，在暗视野下计数。计数红细胞时，数出中央大方格的四角及中间共 5 个中方格中所有的红细胞数。计数白细胞时，数出计数室四角 4 个大方格中所有的白细胞数。为避免重复数和漏数，对四边压线的细胞，遵循"数上不数下，数左不数右，内线数外线不

光线不必过强，暗视野下血细胞易看清，计数的效果较好。

数"的原则（图 2-11）。

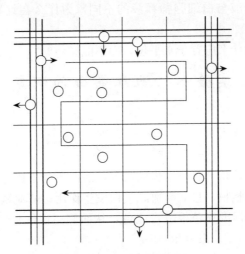

图 2-11 红细胞计数路线
（引自杨秀平，动物生理学实验，2004）

8. 计算

（1）红细胞数：5 个中方格中所有的红细胞总数乘以 10 000，即为每立方毫米血液中的红细胞数。计算公式如下。

红细胞数（个/mm³）＝5 个中方格的红细胞数×稀释倍数÷5 个中方格的容积

式中，稀释倍数为 200，10 μL（0.01 mL）血液加入 1.99 mL 稀释液中；5 个中方格的容积＝0.2 mm×0.2 mm×0.1 mm×5＝0.02 mm³。

（2）白细胞数：4 个大方格中所有的白细胞总数乘以 50，即为每立方毫米血液中的白细胞数。计算公式如下。

白细胞数（个/mm³）＝4 个大方格的白细胞数×稀释倍数÷4 个大方格的容积

式中，稀释倍数为 20，20 μL（0.02 mL）血液加入 0.38 mL 稀释液中；4 个大方格的容积＝1 mm×1 mm×0.1 mm×4＝0.4 mm³。

9. 清洗 计数完毕，依前法洗净所使用的器材。

【注意事项】

（1）中方格之间的红细胞数若相差超过 15 个，大方格之间白细胞数若相差超过 10 个时，表示细胞分布很不均匀，应重做。

（2）吸血管、计数板及盖玻片等用过后，必须立即洗涤干净。

（3）吸取血液时，吸血管中不得有气泡，吸取的血液和稀释液的体积一定要准确，若血液稍超过刻度时，可用滤纸轻触吸血管口，吸出一些血液，以达到要求的刻度。

（4）滴加稀释的血液时，以半滴为宜，若过多，易流出计数室外，盖玻片会浮起，体积不准，且显微镜中视野模糊，不好计数；若太少，易造成气泡，不均匀，影响计数结果。

【实验结果与分析】

记录实验结果，分析操作过程中影响血细胞计数准确性的因素。

【思考题】

（1）分析影响血细胞计数准确性的因素，如何避免？

(2) 稀释的血液加入计数室后，为什么要静置一段时间后才开始计数？

(3) 比较红细胞稀释液与白细胞稀释液的不同，为什么在计数红细胞时不需将白细胞破坏？

(4) 显微镜载物台为什么应置于水平位，而不能倾斜？

实验八　血红蛋白的测定

【实验目的】

熟悉用比色法测定血红蛋白。

【实验原理】

血红蛋白的颜色易随其结合氧量多少而改变，因而不利于比色。往血液中加入一定量的稀盐酸，可破坏红细胞细胞膜，盐酸与血红蛋白发生作用，使亚铁血红蛋白转变成稳定的棕色高铁血红蛋白，就可与标准比色板进行比色，从而测得血红蛋白含量。通常以每 100 mL 血液所含血红蛋白的质量（g）来表示。

【实验准备】

1. 动物　家兔。

2. 试剂　0.1 mol/L 盐酸、抗凝剂（1%肝素钠溶液或 10%草酸钾溶液）和蒸馏水。

3. 器材　血红蛋白计、注射器、滴管、吸管、滤纸和 75%乙醇棉球等。

【实验方法与步骤】

1. 了解血红蛋白计构成　血红蛋白计包括以下几部分。

（1）比色计：两侧各有一标准比色柱。

（2）吸血管：一厚壁毛细玻璃管，有 10 μL 和 20 μL 两个刻度，尾端连一橡皮头，橡皮头上有一小孔，供吸取血液用。

（3）比色管：管的两侧有刻度，一侧刻度为血红蛋白的绝对值，以克计（g/100 mL），另一侧为血红蛋白的相对值，以%表示（相当于正常平均值的百分数）（图 2-12）。

2. 准备　实验前先检查血红蛋白计的吸血管和比色管是否清洁，如不清洁要先洗涤干净。

3. 加盐酸　用滴管将 0.1 mol/L 盐酸加入比色管中，加至刻度"2"或"10%"处。

4. 取血　从兔的耳缘静脉采 2 mL 血，加入含 1%肝素钠的试管中，混匀，制成抗凝血。用吸血管准确吸取抗凝血至刻度 20 μL 处，用滤纸擦净吸血管口周围血液，将血液立即吹入比色管的盐酸中。反复吸吹几次，使吸血管壁上的血液全部进入比色管内。轻轻摇动比色管，使血液与盐酸充分混合。将比色管放入比色计中，静置 10 min。

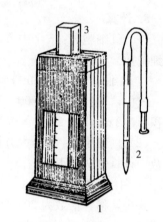

图 2-12　血红蛋白计
1. 比色箱　2. 吸血管　3. 比色管
（引自解景田，生理学实验，2002）

吸血管橡皮头上的小孔，吸血时要按住，否则血液吸不上来。

在进行吸吹时，要注意避免起泡。

5. 比色 用滴管往比色管中逐滴加入蒸馏水，每次加蒸馏水后都要摇匀，再插入比色计中进行比色，直至与比色计中的标准比色板相同为止。

加蒸馏水时，开始可快些，接近比色板颜色时不能过快，以防稀释过度。

6. 读数 从比色计中取出比色管，读出管内液面（凹面）的刻度。如液面在刻度"15"处，即表示 100 mL 血液中含有 15 g 血红蛋白；若用另一边的刻度表示，由于它与质量之间的关系因血红蛋白计的型号不一而异，因此可参照使用说明书。国产的沙里血红蛋白计，通常 100% 相当于 14.5 g，如液面在刻度"70%"处，要计算其绝对质量 $X：14.5=70：100$，则 $X=10.15$（g）。

7. 清洗 实验完毕，及时洗净吸血管和比色管。

【注意事项】

(1) 吸血管吸取血液一定要准确，这是实验结果准确的关键。

(2) 血液加入比色管时要避免起泡，否则影响比色。

(3) 血液和盐酸的作用时间不可少于 10 min，否则亚铁血红蛋白不能充分转变成高铁血红蛋白，使结果偏低。

(4) 加蒸馏水时，开始速度可稍快，当颜色接近标准比色板时则不能过快，以防稀释过度，且要摇匀后进行比色。

(5) 比色要在自然光线下进行，并将比色管的刻度转向两侧，以免影响比色。

【实验结果与分析】

记录实验结果，分析影响血红蛋白测定结果的因素。

【思考题】

(1) 血液加入比色管时要如何防止产生气泡？

(2) 测定血红蛋白含量有什么实际意义？

实验九　出血时间和凝血时间的测定

【实验目的】

学习出血时间和凝血时间的测定方法。

【实验原理】

出血时间指的是小血管破损后，血液从创口自行流出至自行停止的时间，也称止血时间。测定出血时间可检测毛细血管和血小板功能是否正常，是检测机体生理性止血功能是否正常的一种简便而有效的方法。生理性止血主要与小血管的收缩、血小板黏附、聚集和释放活性物质等一系列生理反应过程有关。当血小板数量减少或毛细血管功能缺陷时，出血时间将延长。

血管破损后，血液接触异面，一系列凝血因子相继被激活，使血液中的纤维蛋白原转化成纤维蛋白，形成血凝块。凝血时间指的是从血液流出体外至血液中出现纤维蛋白的时间。测定凝血时间可反映机体凝血因子是否缺乏，血液的凝固过程是否正常。当凝血因子缺乏时，凝血时间将延长。

【实验准备】

1. 动物　小鼠和家兔。

2. 试剂 乙醚。

3. 器材 烧杯、毛剪、注射器、采血针、载玻片、棉球、滤纸片、大头针、秒表和75％乙醇棉球等。

【实验方法与步骤】

1. 出血时间的测定 将小鼠放入一倒扣烧杯内，然后放入几个乙醚棉球，一段时间后，小鼠麻醉。用毛剪剪去小鼠腿部被毛，用75％乙醇棉球消毒后，再用干棉球擦干。用采血针刺入皮下2～3 mm深，让血液自然流出。每隔30 s，用滤纸吸去流出的血滴，直到无血液流出为止。记下从开始出血至止血的时间，即为出血时间。

注意控制采血针的刺入深度，血液自然流出时勿施加压力。

2. 凝血时间的测定 用注射器自兔耳缘静脉采2 mL血，滴一大滴血液（直径5～10 mm）于事先准备好的清洁干燥的载玻片上。每隔30 s用针尖挑血一次，直至挑起细纤维蛋白血丝为止。记下从血液离体至挑出细纤维蛋白血丝的时间，即为凝血时间。

每隔30 s用针尖挑血一次，挑血时要按一定方向从血滴外缘往里轻挑，避免破坏纤维蛋白的网状结构。

【注意事项】

（1）采血针刺入皮下深度以2～3 mm为宜，采血时应让血液自然流出，不要挤压出血部位。

（2）用滤纸吸血时，注意不要触及伤口，以免影响结果。

（3）测定凝血时间时，严格每30 s挑血一次，且每次挑血时要按一定方向从血滴边缘往里轻挑，横过血滴，切勿多方向挑动，以免破坏纤维蛋白的网状结构，造成不凝假象。

【实验结果与分析】

记录实验结果，分析影响出血时间和凝血时间的因素。

【思考题】

（1）出血时间和凝血时间有何不同？

（2）影响出血时间和凝血时间的因素有哪些？

（3）测定出血时间和凝血时间有何临床意义？

（4）出血时间延长时，凝血时间是否也一定延长？

实验十 红细胞脆性实验

【实验目的】

掌握测定红细胞渗透脆性的方法，了解细胞外液渗透压对维持细胞正常形态和功能的重要性。

【实验原理】

正常情况下，红细胞的渗透压与血浆的渗透压（哺乳类约相当于0.9％NaCl的渗透压）相等。若将红细胞置于高渗溶液中，则红细胞将失去细胞内液体而皱缩；反之，若置于低渗溶液中，则水分进入细胞内，使红细胞膨胀，甚至胀破溶解，释放血红蛋白，形成溶血。测定红细胞渗透脆性即测定红细胞对低于0.9％NaCl溶液的抵抗力。抵抗力强，则红细胞不易破裂，脆性低；反之，抵抗力弱，则红细胞易破裂，脆性强。

【实验准备】

1. 动物 家兔。

2. 试剂 1%NaCl，抗凝剂（1%肝素钠溶液）和蒸馏水等。

3. 器材 试管（10 支）、试管架、吸管和注射器等。

【实验方法与步骤】

1. 配制 NaCl 溶液 先将 10 支试管编号后，排列在试管架上，按表 2-1 操作，分别制成不同浓度的 NaCl 低渗溶液，每管溶液均为 2 mL。

表 2-1 不同浓度 NaCl 低渗溶液的配制

试 管	1	2	3	4	5	6	7	8	9	10
1%NaCl（mL）	1.40	1.30	1.20	1.10	1.00	0.90	0.80	0.70	0.60	0.50
蒸馏水（mL）	0.60	0.70	0.80	0.90	1.00	1.10	1.20	1.30	1.40	1.50
NaCl 浓度（%）	0.70	0.65	0.60	0.55	0.50	0.45	0.40	0.35	0.30	0.25

2. 采血 从兔的耳缘静脉采 2 mL 血，加入含 1%肝素钠的试管中，混匀，制成抗凝血。

3. 加血液 往 1～10 号试管中各加入体积相等的血液 1 滴，然后用拇指按住试管口，缓慢颠倒试管 2 次，使血液与 NaCl 溶液混匀，静置 1 h。

各试管中加入的血滴大小应尽量相等，并充分混匀，但切勿用力震荡，避免人为造成红细胞破裂，出现溶血。

4. 观察并记录结果

（1）未溶血的试管：试管内液体上层为无色透明，下层有大量红细胞下沉，表明无红细胞破裂。

（2）部分红细胞溶血的试管：试管内液体上层出现淡红色，下层有红细胞下沉，表明部分红细胞已经破裂，称为不完全溶血。刚开始发生溶血时，血液中抵抗力最弱的红细胞发生溶血现象，称为红细胞的最小抗力或红细胞的最大脆性。

（3）红细胞全部溶血的试管：试管内液体完全变成透明红色，试管底部无红细胞下沉，则表明血液中抵抗力最强的红细胞也发生溶血现象，称为完全溶血，也称红细胞的最大抗力或红细胞的最小脆性。

【注意事项】

（1）配制的各 NaCl 溶液的浓度必须准确。

（2）各管中加入的血滴大小应尽量相等并充分混匀，但切勿用力震荡，避免机械性溶血。

【实验结果与分析】

描述实验结果，分析红细胞渗透脆性与红细胞膜对低渗透压抵抗力的关系。

【思考题】

（1）输液时为什么要用等渗溶液？

（2）红细胞渗透脆性的大小说明了什么？

（3）为什么同一个体血液中红细胞的渗透脆性不同？

实验十一　ABO 血型的鉴定

【实验目的】
了解红细胞凝集现象，掌握用玻片法鉴定 ABO 血型。

【实验原理】
血型通常指红细胞膜上特异性抗原的类型。红细胞膜上的抗原称为凝集原，其血浆中存在的抗体称为凝集素。ABO 血型系统是根据红细胞膜上是否存在凝集原 A 和 B，将血液分为 A 型、B 型、AB 型和 O 型 4 种血型。A 型者红细胞膜上只有凝集原 A，其血浆中有抗 B 凝集素；B 型者红细胞膜上只有凝集原 B，其血浆中有抗 A 凝集素。凝集原 A 可被抗 A 凝集素凝集；凝集原 B 可被抗 B 凝集素凝集。若将不同血型的红细胞与血清在玻片上混合，红细胞会出现聚集成团的现象，称为红细胞凝集。血型鉴定是往受试者红细胞悬液中分别加入 A 型标准血清（含抗 B 凝集素）和 B 型标准血清（含抗 A 凝集素），观察有无凝集现象发生，从而确定受试者血型。临床上输血时若血型不符，则发生的凝集反应可堵塞毛细血管和损害肾小管，并伴有过敏反应，重则危及生命。

【实验准备】
1. 动物　人。
2. 试剂　标准 A 型和 B 型血清，生理盐水。
3. 器材　双凹玻片或载玻片、采血针、75%乙醇棉球、干棉球、滴管、玻璃棒、显微镜和记号笔等。

【实验方法与步骤】
（1）取一双凹玻片，用记号笔在左边和右边分别写上 A 和 B 作为标记。
（2）用 2 个小滴管分别吸取 A 型和 B 型标准血液的血清，在玻片两个凹陷处各滴上一滴。　　　　　　　　　　　　注意滴管不混用。
（3）用 75%乙醇棉球消毒无名指指尖或耳垂，干棉球擦干后，用消毒采血针穿刺采血，再用消毒后的尖头滴管吸取少量血，滴一滴于盛有 1 mL 生理盐水的小试管中，混匀，制成 5%红细胞悬液。　　采血针务必严格消毒，做到一人一针，切勿混用。
（4）在玻片两个凹陷处 A 型和 B 型标准血液的血清上，分别滴一滴红细胞悬液，慢慢转动玻片或用玻璃棒分别混匀，观察是否出现红细胞凝集现象。根据红细胞的凝集现象可判定血型（图 2-13）。　　肉眼若不易分辨结果可用显微镜在低倍镜下观察。

【注意事项】
（1）吸取 A 型和 B 型标准血清及红细胞悬液时，应使用不同的滴管。
（2）采血针务必严格消毒，做到一人一针，切勿混用。
（3）采血后要迅速与标准血清混匀，防止血液凝固。搅拌用的玻璃棒也不能混用。

【实验结果与分析】
描述实验结果，报告血型。

【思考题】
（1）ABO 血型的分类标准是什么？

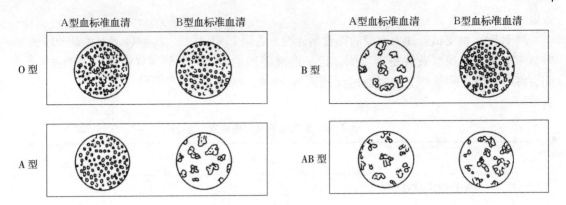

图 2-13 ABO血型鉴定
(引自杨秀平,动物生理学实验,2004)

(2) 输血前,为什么要做交叉配血实验?

实验十二 影响血液凝固的因素

【实验目的】

通过测定各种条件下的血液凝固时间,了解影响血液凝固的一些因素。

【实验原理】

血液凝固过程是血浆中许多凝血因子参与的化学连锁反应,其结果是使血液由流动的液体状态转变为不能流动的凝胶状态。血液凝固受许多因素的影响,如凝血因子可直接影响血液凝固过程,温度和接触面的光滑程度等也可影响血液凝固过程。

血液凝固可分为内源性凝血和外源性凝血两个途径。内源性凝血是指参与血液凝固过程的凝血因子全部来自血浆,而外源性凝血是指在组织因子参与下的血液凝固过程。本实验采用兔颈总动脉插管放血,血液与组织因子接触少,因此凝血过程主要是内源性凝血。

【实验准备】

1. **动物** 家兔。
2. **试剂** 20%氨基甲酸乙酯、石蜡油、8 IU/mL 肝素和 2%草酸钾等。
3. **器材** 解剖器械、兔手术台、动脉夹、动脉插管、小试管(8支)、试管架、大烧杯(2个)、竹签(1束)、滴管、冰块、棉花、线和秒表等。

【实验方法与步骤】

1. **手术** 从兔耳缘静脉缓慢注射20%氨基甲酸乙酯,待其麻醉后,背位固定于手术台上,剪去其颈部的被毛,沿正中线剖开皮肤5~7 cm,逐层分离皮下组织,在气管的两侧找到颈总动脉。分离一侧颈总动脉,在其下穿两根线,一根线在动脉的离心端结扎以阻断血流,然后在近心端夹上动脉夹,在靠近离心端结扎线的动脉上剪一小口,往心脏方向插入动脉插管,插管用另一根线结扎固定。需要放血时,开启动脉夹即可。

20%氨基甲酸乙酯注射量为每千克体重5 mL。

2. **取血** 取8支洁净的小试管,按表2-2操作。准备好各种不同的实验用品后,开启动脉夹,向每支试管注

加血量要相对一致,不可相差太大。

入血液 2 mL。

3. 计时　每支试管加入血液后即开始计时，每隔 15 s 倾斜一次试管，观察血液是否凝固，记录血液凝固的时间。将结果及各种条件下的凝血时间填入表 2-2，并分析原因。

判断凝血的标准要一致。一般以 45°倾斜试管，试管内血液不流动为标准。

表 2-2　影响血液凝固的因素

编号	实验条件	血液是否凝固	凝固时间（min）	分析
1	不做任何处理（对照管）			
2	内放棉花少许			
3	用石蜡油润滑试管内表面			
4	置于盛有 37~40 ℃温水的大烧杯中			
5	置于盛有冰水混合物的大烧杯中			
6	加肝素（加血后混匀）			
7	加草酸钾（加血后混匀）			
8	用竹签不断搅动，直至形成纤维蛋白			

【注意事项】
（1）采血的过程要尽快，以减少计时的误差。
（2）每支试管口径大小及加血量要相对一致，不可相差太大。
（3）加强分工合作，计时必须及时、准确，最好由一位同学负责将血液加入试管，其他同学各掌握 1~2 个试管，每隔 30 s 观察一次。
（4）判断凝血的标准要一致。一般以 45°倾斜试管，试管内血液不流动为准。
（5）试管和滴管等用具必须清洁、干燥。

【实验结果与分析】
观察血液是否凝固，记录血液凝固时间，分析不同实验条件下影响血液凝固的原因。

【思考题】
（1）血液凝固的过程及机制是什么？
（2）影响血液凝固的因素有哪些？
（3）内源性凝血和外源性凝血途径有什么不同？

第三节　循环系统实验

实验十三　期前收缩与代偿间歇

【实验目的】
了解心肌的收缩特性，并掌握心脏收缩曲线的描记方法。

【实验原理】
心肌发生一次兴奋后，其兴奋性会发生规律性变化。心肌兴奋性的特点是兴奋后的有效不应期特别长，相当于整个收缩期和舒张早期。在此期间，心肌的兴奋性基本为零，因此无论多大的刺激都不能引起心肌兴奋与收缩。舒张中期后,在正常节律性兴奋到达之前,给心脏施加一个外加刺激可引起一个提前出现的收缩,称为期前收缩或期间收缩。期前收缩也有有效不应期,当正常起搏点的节律兴奋到达心室时,常常落在这个期前收缩的有效不应期中,因而不能引起心室兴奋与收缩。这样,期前收缩后就会出现一个较长时间的间歇期,称为代偿间歇。

【实验准备】

1. 动物 蛙或蟾蜍。

2. 试剂 任氏液。

3. 器材 BL-420E⁺生物机能实验系统、蛙板、蛙针、蛙心夹、丝线、张力换能器、铁支架、双凹夹和滴管等。

【实验方法与步骤】

(1) 取蛙一只,破坏其脑和脊髓,仰卧固定于蛙板上,剪开胸腔,暴露心脏,用小镊子提起心包膜,用眼科剪剪开心包膜。将连有丝线的蛙心夹在心脏的舒张期夹住蛙的心尖,丝线的另一端连于张力换能器。刺激电极可直接与心室肌接触,或由刺激器输出线的负极与蛙心夹相连,正极(连金属鳄鱼夹)可直接夹在心脏的周围组织(肌肉或皮肤)(图2-14)。

> 注意调整张力换能器与蛙心的位置,使丝线垂直,松紧适度。
>
> 蛙心夹应在心脏的舒张期夹住蛙的心尖,避免夹伤心脏导致漏液。

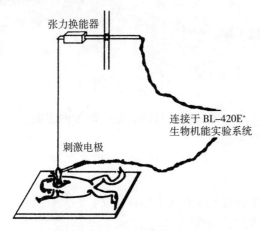

图2-14 蛙心收缩曲线描记装置

(引自王国杰,动物生理学实验指导,第4版,2008)

(2) 张力换能器的输入端与BL-420E⁺生物机能实验系统的第一通道相连。在"实验项目"的"循环实验"子菜单选择"期前收缩与代偿间歇"实验模块。根据信号窗口显示的波形,适当调节实验参数以获得最佳的波形效果。

(3) 参数设置:刺激器参数,选择单刺激,刺激强度约4.0 V。

> 心室肌的兴奋性低于骨骼肌,因此用高于3.5 V的刺激强度效果较好。

(4) 描记正常心搏曲线。曲线向上为心室收缩,向下为舒张。

（5）用单个电刺激分别在心脏的收缩期和舒张后期刺激心室，观察心脏期前收缩和代偿间歇心搏曲线的变化（图2-15）。

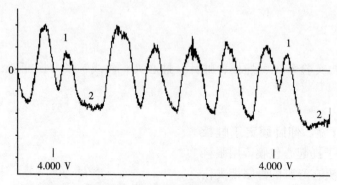

图2-15 蛙心收缩曲线
1. 期前收缩　2. 代偿间歇

（6）用单个电刺激连续刺激心脏，观察心脏能否发生强直收缩。

【注意事项】

（1）经常给蛙心滴加任氏液，防止心肌干燥。

（2）蛙心夹不得夹破心室。

（3）刺激电极应与蛙心接触良好。

【实验结果与分析】

（1）记录实验结果，描记心肌的收缩曲线，或剪辑、打印、粘贴收缩曲线图。

（2）分析心肌出现期前收缩和代偿间歇的原因。

（3）分析心肌不出现强直收缩的原因。

【思考题】

（1）心肌的有效不应期特别长和不发生强直收缩有什么生理意义？

（2）什么情况下心肌期前收缩后不出现代偿间歇？

（3）心肌还有哪些其他生理特性？

实验十四　蛙类微循环的显微观察

【实验目的】

学习用显微镜或图像分析系统观察蛙肠系膜微循环内各血管及血流状况；了解微循环各组成部分的结构和血流特点；观察某些药物对微循环的影响。

【实验原理】

微循环是指微动脉和微静脉之间的血液循环，是血液和组织液进行物质交换的重要场所。经典的微循环包括微动脉、后微动脉、毛细血管前括约肌、真毛细血管网、通血毛细血管、动静脉吻合支和微静脉等部分。由于蛙类的肠系膜组织很薄，易透光，可以在显微镜下或利用图像分析系统直接观察其微循环过程中的血流状态、微血管的舒缩活动及不同因素对微循环的影响。

在显微镜下,小动脉和微动脉管壁厚,管腔内径小,血流速度快,血流方向是从主干流向分支,有轴流（血细胞在血管中央流动）现象；小静脉和微静脉管壁薄,管腔内径大,血流速度慢,无轴流现象,血流方向是从分支向主干汇合；毛细血管管径最细,仅允许单个细胞依次通过。

【实验准备】

1. 动物 蛙或蟾蜍。

2. 试剂 任氏液、20%氨基甲酸乙酯、0.1%肾上腺素和0.01%组胺。

3. 器材 显微镜、有孔蛙板、蛙类手术器械、蛙钉、吸管和注射器（1~2 mL）等。

【实验方法与步骤】

1. 实验准备 取蛙一只,称重。在尾骨两侧皮下淋巴囊注射20%氨基甲酸乙酯（每克体重3 mg）,10~15 min进入麻醉状态（也可直接进行双毁髓使动物瘫痪）。用大头针将蛙腹位（或背位）固定在蛙板上,在腹部侧方做一纵行切口,轻轻拉出一段小肠袢,将肠系膜展开,小心铺在有孔蛙板上,用数枚大头针将其固定（图2-16）。

注意固定肠系膜不能拉得过紧,以不影响血管内血液流动为宜。

2. 实验项目

（1）在低倍显微镜下,识别动脉、静脉、小动脉、小静脉和毛细血管（图2-17）,观察血管壁、血管口径、血细胞形态、血流方向和流速等。

（2）用小镊子给肠系膜轻微的机械刺激,观察血管口径和血流的变化。

（3）用一小片滤纸将肠系膜上的任氏液小心吸干,然后于肠系膜上滴加几滴0.1%肾上腺素,观察血管口径和血流的变化,出现变化后立即用任氏液冲洗。

（4）血流恢复正常后,滴几滴0.01%组胺于肠系膜上,观察血管口径和血流的变化。

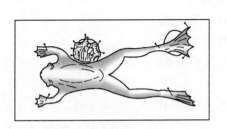

图2-16 蛙肠系膜标本的固定
（引自杨秀平,动物生理学实验,2004）

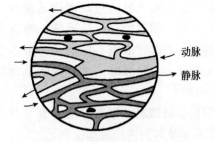

图2-17 蛙肠系膜微循环的观察
（引自杨秀平,动物生理学实验,2004）

【注意事项】

（1）手术操作要仔细,避免出血造成视野模糊。

(2) 固定肠系膜不能拉得过紧，不能扭曲，以免影响血管内血液流动。
(3) 实验过程中要经常滴加少许任氏液，防止标本干燥。

【实验结果与分析】
根据实验观察，对微循环血流情况加以描述，并加以分析。

【思考题】
(1) 蛙动脉、静脉、小动脉、小静脉和毛细血管的血液流动特征分别是什么？
(2) 在使用肾上腺素和组胺前后血管口径和血流有何变化？分析变化的原因。

实验十五　蛙心起搏点

【实验目的】
用结扎的方法观察蛙心起搏点以及心脏传导系统不同部位的自动节律性的高低。

【实验原理】
心脏的特殊传导系统具有自动节律性，但各部分的自动节律性高低不同。蛙心的起搏点是静脉窦（哺乳动物是窦房结），自动节律性也以静脉窦发出，沿心房传至房室结，再由房室结经房室束传至心室肌，从而引起心脏兴奋与收缩。因此，静脉窦是主导整个心脏兴奋和搏动的部位，称为正常起搏点或最高起搏点。其他自律细胞自律性相对较低，正常情况下仅起传导兴奋的作用，若阻断心脏的正常传导，它们也可发挥起搏点的作用，因此称之为潜在起搏点。当正常起搏点发生障碍时，潜在起搏点会取而代之。

【实验准备】
1. **动物**　蛙或蟾蜍。
2. **试剂**　任氏液。
3. **器材**　蛙板、解剖器械、线、玻璃分针和秒表等。

【实验方法与步骤】
1. **在体蛙心的制备**　取蛙一只，破坏其脑和脊髓，仰卧固定于蛙板上，剪开胸腔，暴露心脏，用小镊子提起心包膜，用眼科剪剪开心包膜。

2. **观察心脏的解剖结构**　从腹面可以看到一个心室，其上方有两个心房，心室右上角连着一根动脉干，动脉干根部膨大为动脉圆锥，也称动脉球。动脉向上可分为左右两支。用玻璃分针从动脉干背部穿过，将心脏翻向头侧，在心脏背面两心房下面，可以看到颜色较紫红的膨大部分，为静脉窦，这是两栖类动物心脏的起搏点（图2-18）。

3. **观察心跳情况**　观察蛙心各部分跳动的顺序并记录下它们在单位时间内的跳动次数。

4. **斯氏结扎**　分离主动脉两分支的基部，并在主动脉干下穿一根线备用。将蛙心心尖翻向头部，暴露心脏背面。在静脉窦和心房交界处的半月形白线即窦房沟处将预先穿入的线做一结扎（斯氏第一结扎，图2-19A），以阻

计数静脉窦、心房及心室的跳动频率时，必须同步进行，以免造成误差。

结扎部位要准确，结扎时慢慢加大力度，直至心房或心室停止跳动。

断静脉窦与心房间的传导，观察心房和心室是否停止跳动，静脉窦是否仍在跳动。记录静脉窦、心房和心室在单位时间内的跳动次数。

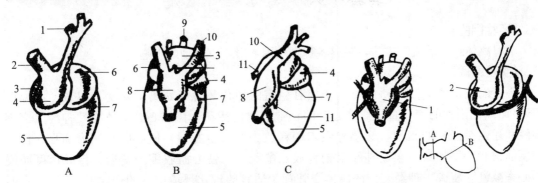

图 2-18　蛙心的解剖结构
A. 腹面　B. 背面　C. 侧面
1. 颈总动脉　2. 主动脉干　3. 右心房　4. 动脉圆锥　5. 心室　6. 左心房
7. 房室沟　8. 静脉窦　9. 主动脉　10. 前腔静脉　11. 肺静脉
（引自王庭槐，生理学实验教程，2004）

图 2-19　蛙心斯氏结扎位置
A. 斯氏第一结扎　B. 斯氏第二结扎
1. 静脉窦　2. 动脉圆锥
（引自王庭槐，生理学实验教程，2004）

第一结扎实验项目完成后，继续在心房与心室之间用线做第二结扎（斯氏第二结扎，图 2-19B），结扎后心室停止跳动，心房和静脉窦仍继续跳动，经过一段时间的间歇后，由于心室传导系统的自动节律性，心室又开始跳动，但节律更缓慢。分别记录静脉窦、心房和心室在单位时间内的跳动次数。将上述实验结果记录于表 2-3。

表 2-3　蛙心起搏点观察记录

项　目	静脉窦频率（次/min）	心房频率（次/min）	心室频率（次/min）
正　常			
斯氏第一结扎			
斯氏第二结扎			

【注意事项】
（1）结扎前要认真识别心脏各部分的界线。
（2）结扎的部位要准确地落在相邻部位的交界处，结扎时慢慢加大力度，直至心房、心室停止跳动。
（3）计数静脉窦、心房及心室的跳动频率时，必须同步进行，以免造成误差。
（4）实验过程中，要不断用任氏液湿润标本，以保持组织的兴奋性。

【实验结果与分析】
记录并分析实验结果。

【思考题】
（1）正常起搏点与潜在起搏点有何关系？正常情况下，正常起搏点为什么能控制潜在起搏点的活动？

(2) 斯氏第一结扎后，静脉窦、心房和心室跳动发生了什么变化？
(3) 斯氏第二结扎后，静脉窦、心房和心室跳动又发生了什么变化？

实验十六　离体蛙心灌流

【实验目的】

学习离体蛙心灌流的方法，观察各种理化因素对心脏活动的影响。

【实验原理】

心脏的正常节律性活动需要一个相对稳定的理化环境（如离子浓度、酸碱度和温度等），而理化因素的变化直接影响心脏的正常节律性活动。在体心脏受植物性神经（交感神经和迷走神经）的支配，交感神经末梢释放去甲肾上腺素，使心肌收缩力加强、传导速度加快和心率加快；迷走神经末梢释放乙酰胆碱，使心肌收缩力减弱、传导速度减慢和心率减慢。将失去神经支配的离体心脏置于适宜的理化环境中（如任氏液），在一定时间内其仍能产生自动节律性兴奋和收缩。而改变理化环境的组成成分，离体心脏的活动就会受到影响。

【实验准备】

1. 动物　蛙或蟾蜍。

2. 试剂　任氏液、2%氯化钠、1%氯化钙、1%氯化钾、2.5%碳酸氢钠、0.01%肾上腺素、0.01%乙酰胆碱、3%乳酸和冰块等。

3. 器材　BL-420E$^+$生物机能实验系统、蛙针、蛙板、蛙心插管、张力换能器、解剖器械、蛙心夹、试管夹、铁支架、双凹夹、小烧杯、滴管和玻璃分针等。

【实验方法与步骤】

1. 离体蛙心标本制备

（1）暴露蛙心：取蛙一只，破坏其脑和脊髓，仰卧固定于蛙板上，剪开胸腔，用小镊子提起心包膜，用眼科剪剪开心包膜，暴露心脏和动脉干。

（2）观察心脏的解剖结构：见图2-18。

（3）心脏插管：在主动脉干下方穿两根线，一根在左主动脉上端结扎以备插管时用，另一根在动脉球上方打一松结用以结扎和固定插管。然后在心脏背侧找到静脉窦，在静脉窦以外的地方结扎静脉，以阻止血液流回心脏（也可不进行此项操作）。准备插管，左手提起左主动脉上方的结扎线，右手用眼科剪在左主动脉根部（动脉球前端）沿向心方向剪一斜口。用任氏液将流出的血液冲洗干净后，将盛有少许任氏液的蛙心插管插入左主动脉，插至主动脉球后稍后退，再将插管沿主动脉球后壁向心尖方向插入，在心室收缩期时经主动脉瓣插入心室腔内（图2-20）。此时可见插管内液面随心搏上下波动。将预先打好的松结扎紧，并将线固定在插管壁上的小钩上防止滑脱。用滴管吸去插管内液体，更换新鲜的任氏液。在左右肺静脉和前后

结扎应特别小心，勿损伤静脉窦，以免引起心脏骤停。可用蛙心夹在心舒张期夹住心尖，将心脏提起，看清楚再结扎。

剪斜口时，一定要剪破动脉内膜，让心脏里的血尽可能流出，以免插管后血液凝固堵塞插管。

若插管插入后，管内液面不随心搏上下波动，说明插管未插入心室内，或插管尖端抵触到心室壁，或插管尖端被血凝块堵塞。

腔静脉下穿一根线并结扎，剪断结扎线上方的血管和所有的牵连组织，小心提起插管，将心脏离体。至此，离体蛙心已制备成功。

2. 实验装置连接 将蛙心插管固定于支架上，在心室舒张时将连有细线的蛙心夹夹住心尖，并将细线通过滑轮与张力换能器相连。张力传感器的输出线与BL-420E$^+$生物机能实验系统的第一通道相连（图2-21）。

注意调整蛙心、滑轮与张力换能器的位置，使丝线垂直，松紧适度，以方便描记心脏的收缩张力曲线。

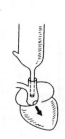

图2-20 蛙心插管插入心室的方向
（引自杨秀平，动物生理学实验，2004）

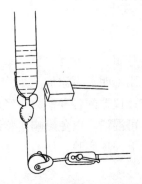

图2-21 离体蛙心连接示意图
（引自杨秀平，动物生理学实验，2004）

打开计算机操作系统，在"实验项目"的"循环实验"子菜单选择"离体蛙心灌流"实验模块。根据信号窗口显示的波形，适当调节实验参数以获得最佳的波形。

3. 实验项目

（1）正常蛙心的收缩曲线：用滴管向蛙心插管中注入1~3 mL任氏液，观察并记录心跳频率及收缩幅度，将其作为正常对照。

（2）Na$^+$的影响：用吸管吸出插管中的任氏液后，加入等量的2%氯化钠，记录并观察蛙心跳动的变化。变化出现时，立即将插管内液体吸出，并以等量的任氏液换洗数次，直至心跳恢复正常。

（3）Ca^{2+}的影响：向插管中加入1~2滴1%氯化钙，观察蛙心活动有何变化。

（4）K$^+$的影响：向插管中加入1~2滴1%氯化钾，观察蛙心活动有何变化。

（5）酸性溶液的影响：向插管中加入1~2滴3%乳酸，观察蛙心活动有何变化。

（6）碱性溶液的影响：向插管中加入2~3滴2.5%碳酸氢钠，观察蛙心活动有何变化。

每项实验的溶液量均应与第一次相同。

每项实验后均需以等量的任氏液换洗数次，直至心跳恢复正常后，再开始下一项实验。

(7) 肾上腺素的影响：向插管中加入 1～2 滴 0.01％肾上腺素，观察蛙心活动有何变化。

(8) 乙酰胆碱的影响：向插管中加入 1～2 滴 0.01％乙酰胆碱，观察蛙心活动有何变化。

(9) 温度的影响：用镊子夹一黄豆大小的冰块与静脉窦接触，观察蛙心活动有何变化。除去冰块后，可看到心跳频率很快恢复。

若室温较低，可用盛有 35～40 ℃ 热水的小试管靠近静脉窦，观察蛙心活动有何变化。

【注意事项】

(1) 制备离体心脏标本时，勿伤及静脉窦。

(2) 加各种试剂时，先宜少加，若作用不明显再添加。

(3) 蛙心插管内液面高度应保持恒定；仪器的各种参数一经调好，应不再变动。

(4) 吸取各种试剂的滴管要分开，不可混淆，以免影响实验结果。

(5) 必须待心跳恢复正常后才可进行下一项实验。

【实验结果与分析】

(1) 记录实验结果，描记不同条件下心肌的收缩曲线，或剪辑、打印、粘贴收缩曲线图。

(2) 逐项分析不同处理下蛙心收缩发生变化的原因。

【思考题】

(1) 结扎时，为什么不能损伤静脉窦？

(2) 为什么有时插管插入后，管内液面不随心搏上下波动或波动不明显？

(3) 影响心肌收缩的因素有哪些？

实验十七　动脉血压的直接测定及其影响因素

【实验目的】

了解动脉血压的直接测定方法，观察某些因素对动脉血压的影响。

【实验原理】

正常生理条件下，由于受神经和体液的调节，动脉血压处于稳态水平。神经调节中最重要的是来自颈动脉窦和主动脉弓的压力感受性反射（降压反射）和来自颈动脉和主动脉体的化学感受性反射。心血管中枢通过反射作用，调节心脏和血管的活动，以改变心输出量和外周阻力，从而调节动脉血压。体液因素中最重要的是肾上腺素、去甲肾上腺素和乙酰胆碱，它们通过与心脏、血管中的受体结合而影响动脉血压。

【实验准备】

1. **动物**　家兔。

2. **试剂**　20％氨基甲酸乙酯、生理盐水、0.01％肾上腺素、0.01％乙酰胆碱和肝素等。

3. **器材**　BL-420E$^+$ 生物机能实验系统、兔手术台、解剖器械、动脉插管、动脉夹、压力换能器、注射器、三通管、线和纱布等。

【实验方法与步骤】

1. 仪器连接 将张力换能器的输入端与 BL-420E$^+$ 生物机能实验系统的第一通道相连。在"实验项目"的"循环实验"子菜单选择"兔动脉血压调节"实验模块。根据信号窗口显示的波形,再适当调节实验参数以获得最佳的波形效果。

2. 手术操作

(1) 麻醉与固定:由兔的耳缘静脉缓慢注射 20% 氨基甲酸乙酯以麻醉兔,注射过程中应密切观察兔的肌张力、心跳、呼吸、瞳孔大小和角膜反射等。麻醉后将兔仰卧固定于手术台上,注意放正颈部。

> 20% 氨基甲酸乙酯注射量为每千克体重 5 mL。

(2) 分离颈部神经及血管:剪去兔颈部的被毛,沿正中线做一长为 5~7 cm 的切口,分离皮下组织和肌肉,暴露气管,将气管两旁的肌肉分开,在气管两侧深部可见颈总动脉、迷走神经、颈交感神经和减压神经(迷走神经最粗,颈交感神经较细,减压神经最细且常与交感神经贴在一起)(图 2-22),在双侧的迷走神经和减压神经下方分别穿一根有色线备用,然后分离左颈总动脉,在其下方穿一根线备用,并向头部分离至分叉处,在分叉处略显膨大,此处即颈动脉窦。

> 家兔压力感受性反射的传入神经为减压神经,在颈部从迷走神经中分出,自成一支。

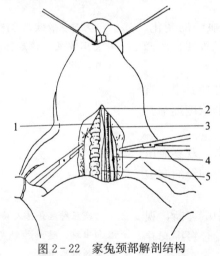

图 2-22 家兔颈部解剖结构
1. 气管　2. 交感神经　3. 颈总动脉　4. 迷走神经　5. 减压神经
(引自杨秀平,动物生理学实验,2004)

(3) 插动脉插管:分离右侧颈总动脉 3~4 cm,在其下方穿两根线备用。在颈总动脉近心端用动脉夹夹闭,远心端(尽量靠近头端)用线结扎,在结扎线下方剪一斜切口,向心脏方向插入注满肝素的动脉插管,用线将插管与动脉扎紧,再向两侧绕向插管,在胶布圈上缚结,以防插

> 动脉插管上连接一个三通管,再连接到压力换能器。预先用注射器通过三通管将压力换能器腔内和动脉插管内充满肝素生理盐水,并注意排出气泡,可避免插管内出现

管滑脱。打开动脉夹，再旋转三通管的开关，使动脉插管与压力换能器相通，通过 BL-420E⁺ 生物机能实验系统即可记录动脉血压。

凝血，堵塞插管。

3. 观察项目

（1）描记正常血压曲线：按空格键开始采样（停止采样也按空格键），描记血压曲线。正常血压曲线可以看到三级波。一级波是由心室收缩和舒张引起的血压波动，心收缩时上升，心舒张时下降，其频率与心跳频率一致，是心搏波。二级波是由呼吸运动引起的血压波动，吸气时血压上升，呼气时血压下降，其频率与呼吸频率保持一致，是呼吸波。三级波不常出现，可能与心血管中枢的周期紧张性有关（图 2-23）。

图 2-23 正常血压曲线
（引自王庭槐，生理学实验教程，2004）

（2）观察地心引力的影响：松开兔两后肢，并迅速将其身体后部提起，观察血压的变化。

（3）以动脉夹夹住左侧颈总动脉，观察血压的变化。除去动脉夹待血压恢复后，扯动颈动脉窦处的提线，给颈动脉窦以机械刺激，观察血压的变化。

每项实验做完需待兔血压基本恢复正常或平稳后再开始下一个项目。

（4）用薄的橡皮手套将兔鼻和嘴套住，并使其中存有少量空气，经过一段时间，手套内二氧化碳的浓度逐渐升高，观察血压的变化。

（5）先结扎并剪断一侧减压神经的离中端，观察血压的变化，然后以中等强度的连续电流刺激减压神经的向中端，观察血压的变化。

（6）结扎一侧迷走神经，并自结扎的向中端剪断，观察血压有无变化。用提线将迷走神经的离中端轻轻提起并刺激，观察血压的变化。

减压神经是传入神经，必须刺激向中端；迷走神经是传出神经，必须刺激离中端。

（7）将另一侧迷走神经剪断，观察血压如何变化。然后再刺激减压神经的向中端，观察血压的变化。

（8）由耳缘静脉注入 0.01% 肾上腺素 0.5 mL，观察血压的变化。

（9）由耳缘静脉注入 0.01% 乙酰胆碱 0.5 mL，观察血压的变化。

【注意事项】
(1) 注射麻醉剂时必须缓慢，且要密切观察兔的角膜反射，麻醉过浅手术操作时动物会挣扎，麻醉过深则动物血压反应不灵敏，麻醉过量甚至可能导致动物死亡。
(2) 每项实验处理前，先敲空格键，暂停采样，处理结束后，再敲空格键恢复采样。每项实验结果处理后应等血压基本恢复平稳，再进行下一项观察。
(3) 动脉插管与颈总动脉必须保持平行位置，防止刺破动脉或堵塞血流。
(4) 应随时注意动物的麻醉深度，如因实验时间过长，麻醉变浅，动物苏醒挣扎，可酌量补注少许麻醉剂。
(5) 实验需多次静脉注射药物，因此每次注射应尽可能从耳缘静脉远端进针。
(6) 实验结束后，应先结扎颈总动脉近心端，再拔去动脉插管。

【实验结果与分析】
(1) 逐项记录实验结果，描记不同实验条件下的血压曲线，或剪辑、打印、粘贴血压曲线图。
(2) 逐项分析不同处理使血压发生变化的原因。

【思考题】
(1) 正常血压为什么会有三个级别的波？其形成机制如何？
(2) 以降压反射的反射弧组成分析影响动脉血压的因素。
(3) 如何证明减压神经是降压反射的传入神经？
(4) 肾上腺素和乙酰胆碱的作用机制有什么不同？

实验十八　交感神经对血管和瞳孔的作用

【实验目的】
了解交感神经对兔耳小动脉平滑肌以及眼扩瞳肌的作用。

【实验原理】
神经中枢经常通过神经不断地发出冲动，调节所支配的效应器的活动，这种现象称为神经中枢的紧张性。交感神经中枢的紧张性冲动，可通过交感神经传到血管平滑肌和扩瞳肌，引起血管的收缩和瞳孔的扩大。剪断交感神经，则其所支配的血管显著扩张，瞳孔则缩小。

【实验准备】
1. 动物　家兔。
2. 试剂　20％氨基甲酸乙酯和生理盐水。
3. 器材　解剖器械、刺激器和线等。

【实验方法与步骤】
1. 手术操作
(1) 麻醉与固定：参照实验十七。
(2) 分离颈部神经：参照实验十七。
2. 观察项目
(1) 在光亮处比较两耳血管的粗细，并用手触摸两耳的温度有无差别，比较两眼瞳孔大小。

(2) 用线结扎一侧交感神经，并在其近中端剪断，然后比较两耳血管粗细有何变化，瞳孔大小有无变化，以手触摸温度有无差异（图2-24）。

(3) 用中等强度电流刺激交感神经离中端，观察同侧兔耳血管有何变化，瞳孔有何变化。

【实验结果与分析】

记录并分析实验结果。

【思考题】

(1) 什么是神经中枢的紧张性？

(2) 切断一侧交感神经后，两耳血管、耳温及瞳孔有何变化？为什么？

(3) 刺激交感神经离中端，同侧兔耳小动脉有何变化？瞳孔有何变化？为什么？

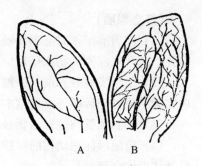

图2-24 兔耳血管的反应
A. 刺激交感神经时的兔耳血管
B. 交感神经切断后的兔耳血管
（引自杨秀平，动物生理学实验，2004）

第四节 呼吸系统实验

实验十九 呼吸运动的调节

【实验目的】

观察各种因素对呼吸运动的影响，并了解其作用机制。

【实验原理】

呼吸运动是一种节律性运动，呼吸深度和频率在神经系统和体液因素的调节下，可随机体活动水平而改变。机体内外各种刺激，有的作用于呼吸中枢，有的则由不同的感受器，反射性地影响呼吸运动。

【实验准备】

1. 动物 家兔。

2. 试剂 20%氨基甲酸乙酯。

3. 器材 BL-420E$^+$生物机能实验系统、兔手术台、解剖器械、线、呼吸流量换能器、注射器、气管插管、橡皮管（50 cm长）、止血钳和纱布等。

【实验方法与步骤】

1. 手术操作

(1) 麻醉与固定：由兔的耳缘静脉缓慢注射20%氨基甲酸乙酯以麻醉兔，注射过程中应密切观察兔的肌张力、心跳、呼吸、瞳孔大小和角膜反射等。麻醉后将兔仰卧固定于手术台上，注意放正颈部。

20%氨基甲酸乙酯注射量为每千克体重5 mL。

(2) 插管与分离颈部神经：剪去兔颈部被毛，沿正中线做一长为4~5 cm的切口，分离皮下组织和肌肉，暴露气管，在气管下穿一根线，插入气管插管并用线结扎固定，在气管插管两侧管口分别连接一根橡皮管。再分离出气管两侧的迷走神经，并在两神经下各穿一根线。

气管插管前，一定要将气管内清理干净，保证气管通畅后再插管。

2. 描记呼吸运动 将呼吸流量换能器一端与兔气管插管的一侧管相连,另一端连接于 BL－420E$^+$ 生物机能实验系统第一通道。在"实验项目"的"呼吸实验"子菜单选择"呼吸运动的调节"实验模块。根据信号窗口显示的波形,再适当调节实验参数以获得最佳的波形效果。

3. 观察项目

(1) 描记正常的呼吸曲线,并观察呼吸运动与曲线的关系。

(2) 用止血钳夹闭气管插管上的橡皮管 15～20 s,观察呼吸运动有何变化。

夹闭时间为 15～20 s,松开后观察呼吸运动的变化。

(3) 用一橡皮气球(或洗耳球)套在气管插管上,让其肺换气在橡皮气球内进行,一段时间后,除去橡皮气球,观察呼吸运动的变化;并比较与上述夹闭气管引起的呼吸变化有什么区别,说明理由。

除去橡皮气球后,再观察呼吸运动的变化。

(4) 将气管插管上的一个侧管连一长约 50 cm 的橡皮管,增大无效腔,观察呼吸运动的变化。

(5) 将一洗耳球经橡皮管与气管插管的一侧相连,在吸气相之末堵塞另一侧管,同时立即向肺内打气,可见呼吸运动暂时停止在呼气状态。当呼吸运动出现后,开放堵塞口,待呼吸运动平稳后再于呼气相之末堵塞另一侧管,同时立即抽取肺内气体,可见呼吸暂时停止于吸气状态,分析变化产生的机理。

若用呼吸流量换能器,则第 (5) 和第 (7) 项不做。

(6) 剪断一侧迷走神经,观察呼吸运动有何变化。再将另一侧迷走神经结扎后在离中端剪断,观察呼吸运动又有何变化。

(7) 重复第 5 项实验,比较呼吸运动有什么区别。

(8) 以中等强度电流刺激迷走神经的向中端,观察在刺激期间呼吸运动的变化。

【注意事项】

(1) 注射麻醉剂必须缓慢,注射量不可过多,并密切观察家兔的呼吸情况。

(2) 气管插管前,一定要将气管内清理干净,保证气管通畅后再插管。

【实验结果与分析】

(1) 逐项记录实验结果,描记不同实验条件下的呼吸曲线,或剪辑、打印、粘贴呼吸曲线图。

(2) 逐项分析不同处理使呼吸运动发生变化的原因。

【思考题】

(1) 血液氧分压下降、二氧化碳分压升高和 pH 下降均使呼吸运动加深、加快,机制有何不同?

(2) 什么是肺的牵张反射?

(3) 剪断迷走神经，呼吸运动有何变化？

实验二十　鱼类呼吸运动的描记及其影响因素

【实验目的】

学习鱼类呼吸运动的描记方法，了解鱼类呼吸运动的特点及其影响因素。

【实验原理】

鱼类通过口腔和鳃盖有节律的张合运动，推动水流经鳃部进行气体交换。由于大多数鱼生活在水环境中，为了保证气体交换的顺利进行，通常每隔数次呼吸便出现一次洗涤运动，以清除口腔、鳃瓣的污物。鱼类的呼吸运动与水环境密切相关，当水环境发生变化时，鱼的呼吸运动和洗涤运动会随之发生改变。

【实验准备】

1. 动物　鲤或鲫。

2. 试剂　2 mg/L 硫酸铜溶液、pH 为 4~5 的酸溶液、pH 为 10 的碱溶液。

3. 器材　BL-420E$^+$ 生物机能实验系统、水族箱、张力换能器、鱼固定器、铁支架、双凹夹、金属小钩（或大头针）、pH 试纸、温度计和线等。

【实验方法与步骤】

1. 仪器连接

（1）取鱼一条，将金属小钩钩在鱼的上颌处，用鱼固定器将鱼固定，放入水族箱中。

（2）将张力换能器与连有丝线的金属小钩相连，另一端连接 BL-420E$^+$ 生物机能实验系统第一通道（图 2-25）。在"实验项目"的"肌肉神经实验"子菜单选择"刺激强度与反应的关系"实验模块。根据信号窗口显示的波形，适当调节实验参数以获得最佳的波形效果。

固定鱼时，要松紧适度，尽量不影响鱼的正常活动。

金属小钩与张力换能器相连时，注意松紧适中，确保鱼呼吸运动正常。

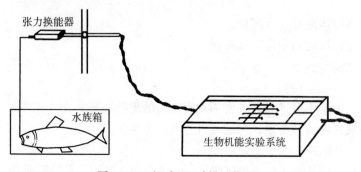

图 2-25　鱼呼吸运动描记装置

2. 实验项目

（1）观察正常情况下鱼呼吸和洗涤运动曲线。

（2）向水族箱加入 pH 为 4~5 的酸溶液，观察鱼的呼吸和洗涤运动有何变化。

（3）向水族箱加入 pH 为 10 的碱溶液，观察鱼的呼

待现象明显后更换液体，加常水洗涤后，再进行下一项实验。

吸和洗涤运动有何变化。

(4) 向水族箱中加入浓度为 2 mg/L 的硫酸铜溶液，观察鱼的呼吸和洗涤运动有何变化。

(5) 向水族箱中加入 30 ℃ 温水，观察鱼的呼吸和洗涤运动有何变化。

【注意事项】

(1) 应待鱼体安静后，再进行实验。

(2) 固定鱼时，要松紧适度，尽量不影响鱼的正常活动。

【实验结果与分析】

(1) 逐项记录实验结果，描记不同实验条件下鱼的呼吸曲线，或剪辑、打印、粘贴鱼的呼吸曲线图。

(2) 逐项分析不同处理影响鱼呼吸运动的原因。

【思考题】

(1) 鱼类洗涤运动有何生理意义？

(2) 酸碱度如何影响鱼的呼吸运动？

(3) 重金属离子为什么会影响鱼的洗涤运动？

第五节 消化系统实验

实验二十一 胃肠运动的观察

【实验目的】

观察胃肠的运动以及神经和某些药物对胃肠运动的影响。

【实验原理】

胃和肠道肌肉属于平滑肌，具有平滑肌运动的特性。由于胃和肠道平滑肌结构不同，因此运动方式也不同，胃运动主要呈蠕动和紧张性收缩，而肠运动有蠕动、紧张性收缩、分节运动和摆动4种方式。动物机体内胃肠运动主要受到神经和体液的调节，在神经及某些药物的作用下，它们的运动可发生改变。

【实验准备】

1. 动物 家兔。

2. 试剂 20%氨基甲酸乙酯、台氏液、1 mg/mL 新斯的明、0.01%肾上腺素和 0.5 mg/mL 阿托品等。

3. 器材 BL-420E$^+$ 生物机能实验系统、兔手术台、解剖器械、保护电极、刺激器、注射器、气管插管、线和纱布等。

【实验方法与步骤】

1. 手术及仪器连接 给兔耳缘静脉注射 20%氨基甲酸乙酯，待动物麻醉后，背位固定于手术台上。剪去颈部和腹部的被毛，沿颈部正中线切开皮肤，分离皮下组织和肌肉，暴露气管并插入气管插管。然后自剑突沿腹中线做切口，剖开腹腔，暴露胃和肠。在膈下食管的末端找到迷

20%氨基甲酸乙酯注射量为每千克体重 5 mL。

走神经，下穿一根丝线备用。将肠推向右侧，在左侧腹后壁肾上腺的上方找到内脏大神经，下穿一根丝线备用。进入 BL-420E$^+$ 生物机能实验系统，由第五通道输出电刺激（0.2 ms，2~5 V）。

2. 观察项目

（1）观察正常情况下胃肠运动的形式，注意胃肠的蠕动、逆蠕动和紧张性收缩，以及小肠的分节运动等。

（2）用连续电流刺激膈下迷走神经 1~3 min，观察胃肠运动的变化，若不明显，可反复刺激几次。

（3）用连续电流刺激左侧内脏大神经，观察胃肠运动的变化。

（4）耳缘静脉注射 1 mg/mL 新斯的明 0.2~0.3 mL，观察胃肠运动的变化。

（5）耳缘静脉注射 0.01% 肾上腺素 0.5 mL，观察胃肠运动的变化。

（6）耳缘静脉注射 0.5 mg/mL 阿托品 1 mL，再刺激膈下迷走神经 1~3 min，观察胃肠运动的变化。

为避免胃肠表面干燥，影响正常活动，应随时用台氏液湿润胃肠道。

【注意事项】

（1）实验前 2~3 h 将兔喂饱效果更好。

（2）为避免胃肠在空气中暴露时间过长，使腹腔温度下降，胃肠表面干燥，影响正常活动，应随时用台氏液湿润胃肠道。

【实验结果与分析】

逐项记录实验结果，并分析各项处理影响胃肠运动的原因。

【思考题】

（1）小肠运动有哪些方式？

（2）影响胃肠运动的因素有哪些？

实验二十二　消化道平滑肌的生理特性

【实验目的】

观察离体肠段的运动情况以及某些因素对肠运动的影响。

【实验原理】

消化道平滑肌的特性与骨骼肌不同，其兴奋性较骨骼肌低，具有自动节律性、较大的伸展性，对牵张、温度和化学刺激比较敏感。肠道平滑肌的运动主要受副交感神经和肠壁内神经丛调节。离体肠段虽然失去外来神经的支配，但在适宜条件下仍能保持平滑肌的收缩特性和肠壁内神经丛的作用。平滑肌细胞膜上富含 M 胆碱能受体，M 受体激动剂和颉颃剂均可明显影响其收缩反应。离体肠段运动的装置，还可用来研究各种化学因素对平滑肌收缩运动的影响。

【实验准备】

1. 动物　家兔。

2. 试剂　0.01%乙酰胆碱、0.01%肾上腺素、1 mol/L 盐酸、1 mol/L 氢氧化钠和台氏液等。

3. 器材　BL-420E$^+$ 生物机能实验系统、解剖器械、恒温平滑肌槽、张力换能器、万能支架、滴管和温度计等。

【实验方法与步骤】

1. 实验装置的安装　将适量的水注入恒温平滑肌槽中，由恒温装置控制其温度在 38 ℃ 左右。加入台氏液至标本槽（浴管）高度的 2/3 处。用塑料管将充满氧气的球胆与平滑肌槽底部有出气口的通气管连接，或使通气管直接与大气相通。另外在玻璃试管中盛满台氏液，放在恒温平滑肌槽内保温，以便在实验中更换标本槽内的台氏液。实验装置见图 2-26。

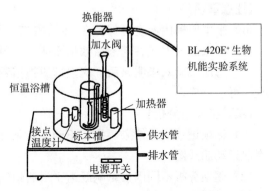

图 2-26　离体小肠平滑肌的实验装置
（引自杨秀平，动物生理学实验，2004）

2. 标本制备　实验前将兔禁食数小时。用木槌猛击兔头枕部，待其昏迷后，立即剖开腹腔，找到胃幽门与十二指肠交界处，以此为起点取长 20～30 cm 的肠管，或找到回盲瓣，逆行拉出回肠，取出长 20～30 cm 的肠管。将与该肠管相连的肠系膜沿肠缘剪去，迅速将标本放在 4 ℃ 左右的台氏液中，除去附着的脂肪组织和肠系膜，并用台氏液冲洗肠腔内容物。待基本冲洗干净后，将肠管剪成数段，每段长 2～3 cm，放入 4 ℃ 台氏液中备用。

取出的肠段，必须迅速放入 4 ℃ 台氏液中，以降低其代谢和氧耗量，保持兴奋性。

取一肠段，两端用线结扎，将其一端系在通气管的钩上，另一端与张力换能器相连。调节通气旋钮，使气泡逐个逸出至浴管内，以供给肠段足够的氧。

注意肠段与张力换能器的连线必须垂直，不要与浴管管壁及通气管管壁接触，以免摩擦，影响肠段收缩张力的描记。

3. 记录　用 BL-420E$^+$ 生物机能实验系统进行记录，张力换能器的输入端与 BL-420E$^+$ 生物机能实验系统的第一通道相连。在"实验项目"的"消化实验"子菜单选择"消化道平滑肌的生理特性"实验模块。根据信号窗口显示的波形，适当调节实验参数以获得最佳的波形效果。

4. 观察项目

(1) 观察正常情况下离体肠段的收缩运动曲线。

(2) 用滴管向浴管内加入 0.01%乙酰胆碱 2～3 滴，观察小肠平滑肌活动的变化。

(3) 将 0.01%肾上腺素 2～3 滴加入浴管内，观察小肠平滑肌活动的变化。

(4) 将 1 mol/L 盐酸溶液 2～3 滴加入浴管内，观察小肠平滑肌活动的变化。

待观察到明显现象后，立即更换浴管内的台氏液，反复冲洗 3 次，待平滑肌活动恢复后再进行下一个项目的实验。

(5) 将 1 mol/L 氢氧化钠溶液 2～3 滴加入浴管内，观察小肠平滑肌活动的变化。

(6) 将室温台氏液和 42 ℃台氏液先后加入浴管内，观察不同温度对小肠平滑肌活动的影响。再换回 38 ℃台氏液，观察平滑肌活动是否恢复。

【注意事项】

(1) 平滑肌槽内温度应保持在 38 ℃左右，不可过高或过低。

(2) 如果加入上述各药液后效果不明显，可以补加少许药液，但切不可一次加药过多。

(3) 每次实验效果明显后，应立即更换浴管内的台氏液，并冲洗 3 次，以免平滑肌收缩出现不可逆反应。

【实验结果与分析】

(1) 逐项记录实验结果，描记不同实验条件下的平滑肌运动曲线，或剪辑、打印、粘贴平滑肌运动曲线图。

(2) 逐项分析不同因素影响肠道平滑肌运动的原因。

【思考题】

(1) 离体肠段的运动有哪些特点？

(2) 影响小肠运动的因素有哪些？

实验二十三　迷走神经对鱼胃运动的影响

【实验目的】

观察迷走神经对鱼胃运动的影响，了解植物性神经与其支配的效应器的一些机能特点。

【实验原理】

胃是内脏器官之一，其机能受植物性神经的调节和支配，刺激迷走神经可以引起这些机能发生改变。

【实验准备】

1. 动物　斑鳢。

2. 试剂　鱼用生理盐水（见附录）。

3. 器材　BL－420E$^+$生物机能实验系统、解剖器械、张力换能器、万能支架、保护电极、蛙板和蛙心夹等。

【实验方法与步骤】

(1) 在斑鳢颅骨稍下处用探针划断其脊髓。

(2) 将斑鳢腹面朝上固定在蛙板上。

(3) 从肛门起沿正中线剪开腹部，剪至与胸鳍成一直线。

(4) 从肛门起右斜向前剪至胸鳍，剪去这块三角形的肌肉。

(5) 迷走神经约在胸鳍底进入食道，走向胃。找到迷走神经，在基部进行游离，用保护电极钩住神经，电极与刺激输出线相连。

若左侧迷走神经在游离时被弄断，则可采用右侧迷走神经。

(6) 用蛙心夹夹住胃末端，与张力换能器相连。张力换能器的输入端与 BL-420E$^+$ 生物机能实验系统的第一通道相连。在"实验项目"的"消化实验"子菜单选择"胃肠运动调节"实验模块。根据信号窗口显示的波形，适当调节实验参数以获得最佳的波形效果。记录胃的自发收缩曲线。

(7) 把刺激强度调至 5 V，用单刺激刺激迷走神经，观察能否引起胃收缩。

(8) 连续刺激，刺激频率为 50 Hz，即周期为 0.02 s，强度为 5 V，分别刺激 5 s、10 s、15 s，比较胃的收缩幅度。

(9) 固定刺激强度为 5 V，刺激时间为 10 s，分别选用周期为 1.0 s、0.05 s、0.001 s 刺激神经，比较胃的收缩幅度。

(10) 改变刺激强度，观察刺激强度对胃收缩幅度的影响。

【注意事项】
(1) 注意不要损伤迷走神经。
(2) 注意经常用鱼用生理盐水湿润神经和胃，用自来水湿润鳃和鱼体。
(3) 每刺激完一次，应间隔 2 min 再刺激。

【实验结果与分析】
(1) 记录实验结果，描记不同实验条件下的胃收缩运动曲线，或剪辑、打印、粘贴胃收缩运动曲线图。
(2) 分析不同的刺激强度和频率刺激迷走神经影响胃收缩的原因。

【思考题】
(1) 植物性神经系统如何影响胃的运动？
(2) 用不同的刺激强度和频率分别刺激迷走神经，对胃的收缩幅度有何影响？

第六节　泌尿系统实验

实验二十四　影响尿液生成的因素

【实验目的】
学习用输尿管插管法记录尿量的方法，观察几种因素对动物尿液生成的影响。

【实验原理】
尿是血液流经肾单位时经过肾小球滤过、肾小管重吸收和分泌而形成的。凡对这些过程有影响的因素都可影响尿的生成。肾小球的滤过作用取决于肾小球的有效滤过压，其大小取决于肾小球毛细血管压、血浆的胶体渗透压和肾小囊内压。影响肾小管重吸收作用的主要是肾小管内渗透压和肾小管上皮细胞的重吸收能力，后者又为多种激素所调节。

【实验准备】
1. 动物　家兔。

2. 试剂 20%氨基甲酸乙酯、肝素生理盐水（100 μg/mL）、生理盐水、20%葡萄糖和 0.01%去甲肾上腺素等。

3. 器材 BL-420E⁺生物机能实验系统、压力换能器、保护电极、记滴器、恒温浴槽、解剖器械、兔手术台、气管插管、输尿管导管（或膀胱导管）、动脉插管、注射器和烧杯等。

【实验方法与步骤】

1. 标本的制备

（1）实验兔在实验前应喂给足够的菜叶和水。

（2）从兔耳缘静脉注射20%的氨基甲酸乙酯进行麻醉，待其麻醉后仰卧固定于手术台上。

20%氨基甲酸乙酯注射量为每千克体重5 mL。

（3）颈部手术：①暴露气管，进行气管插管。②分离左侧颈总动脉，按常规插入充满肝素生理盐水的动脉插管，通过压力换能器连至记录装置，描记血压。③分离右侧的迷走神经，穿线备用，用温生理盐水纱布覆盖创面。

（4）用输尿管插管法收集尿液（图2-27），沿膀胱找到并分离两侧输尿管，在靠近膀胱处穿线将它结扎；再在此结扎前约2 cm的近肾端穿一根丝线，在管壁剪一斜向肾侧的小切口，插入充满生理盐水的细塑料导尿管并用线结扎固定，此时可看到有尿滴出。另一侧也插入导尿管，将两插管并在一起连至记滴器。手术完毕后，用温生理盐水润湿的纱布覆盖腹部切口。

手术动作要轻，腹部切口不宜过大，以免造成损伤性闭尿。

进行输尿管插管时，插管不能扭曲，要妥善固定，否则会影响尿的排出。

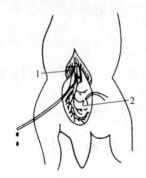

图2-27 兔输尿管插管
1. 输尿管   2. 插膀胱导管的部位
（引自杨秀平，动物生理学实验，2004）

2. 仪器连接 将压力换能器连接于BL-420E⁺生物机能实验系统的第一通道，尿滴记录线接在记滴器上，通过计滴器与系统的第四通道连接，记录尿的滴数。刺激电极与系统的刺激输出相连。

手术和实验装置连接完成后，打开动脉夹，开动记滴器，记录血压及尿量，进行下列观察。

（1）记录正常情况下每分钟尿液的滴数。

（2）耳缘静脉注射 38 ℃ 的 0.9% NaCl 溶液 15～20 mL，观察血压和尿量的变化。

（3）耳缘静脉注射 38 ℃ 的 20% 葡萄糖 5 mL，观察尿量的变化。

（4）耳缘静脉注射 0.01% 去甲肾上腺素 0.5 mL，观察血压和尿量的变化。

（5）结扎并剪断右侧迷走神经，连续刺激迷走神经的离中端 20～30 s，使血压降至 6.67 kPa（50 mmHg）左右，观察尿量的变化。 *刺激迷走神经的强度不宜过大，时间也不宜过长，以免血压过低。*

【注意事项】

（1）选择家兔体重在 2.5～3.0 kg，实验前给兔多喂菜叶，或用橡皮管向兔胃内灌入 40～50 mL 清水，以增加基础尿量。

（2）手术动作要轻柔，腹部切口不宜过大，以免造成损伤性闭尿。剪开腹壁时避免伤及内脏。

（3）本实验中要多次进行耳缘静脉注射，因此要注意保护好兔的耳缘静脉。应从耳缘静脉的远端开始注射，逐渐向耳根部推进。

（4）进行输尿管插管时，注意避免插入管壁和周围的结缔组织中；插管要妥善固定，不能扭曲，否则会影响尿的排出。

（5）实验顺序为：在尿量增加的基础上进行减少尿生成的实验项目，在尿量少的基础上进行促进尿生成的实验项目。一项实验需在上一项实验作用消失，血压、尿量基本恢复正常水平后再开始。

（6）刺激迷走神经的强度不宜过大，时间也不宜过长，以免血压过低，心跳停止。

【实验结果与分析】

记录实验结果，并逐项分析各项处理导致尿量发生变化的原因。

【思考题】

（1）影响尿液生成的因素有哪些？

（2）渗透利尿和水利尿有何不同？

（3）分析动脉血压与尿量的关系。

第七节　神经系统实验

实验二十五　反射弧的分析

【实验目的】

学习反射弧的组成，证明反射弧完整性与反射活动的关系。

【实验原理】

在中枢神经系统的参与下，机体对刺激产生的反应称为反射。反射活动的结构基础是反射弧，它包括感受器、传入神经、神经中枢（反射中枢）、传出神经和效应器 5 个部分。较复杂的反射需要较高级的中枢部位进行整合，而较简单的反射则只需要通过中枢神经系统较低级的部位就能完成。反射弧结构和功能的完整性是实现反射活动的前提，任何一个部分受到破坏，反射活动均不能完成。

【实验准备】

1. 动物　蛙或蟾蜍。

2. 试剂　0.5%硫酸和任氏液。

3. 器材　BL-420E⁺生物机能实验系统、解剖器械、蛙针、铁支架、双凹夹、刺激电极、培养皿、烧杯、棉球、纱布和滤纸等。

【实验方法与步骤】

（1）动物制备：自蛙的鼓膜前缘剪去全部脑髓，制成脊蛙，然后用线穿过其下颌，将蛙悬挂在铁支架上（图2-28）。　　　　　　　只破坏大脑，不破坏脊髓。

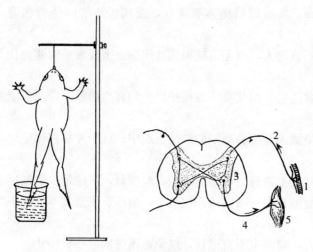

图2-28　屈腿反射与反射弧的分析
1. 感受器　2. 传入神经　3. 脊髓中枢　4. 传出神经　5. 效应器
（引自王国杰，动物生理学实验指导，第4版，2008）

（2）用培养皿盛0.5%硫酸，将蛙的左后肢趾尖浸入硫酸，观察有无屈腿反射，待出现明显的反应后，用清水洗掉残留的硫酸，并用纱布擦干。

根据蛙的反应调整硫酸浸趾深度，但每次用硫酸浸趾的深度及时间应基本一致，以免造成误差，影响实验结果。

（3）在左后肢大腿皮肤做一环形切口，并向下至趾尖完全剥离皮肤，再重复（2）的操作，观察有无屈腿反射。

（4）按（2）的操作，用培养皿盛0.5%硫酸，将蛙的右后肢趾尖浸入硫酸，观察有无屈腿反射。

（5）分离并剪断右侧坐骨神经（包括传入神经纤维和传出神经纤维），用培养皿盛0.5%硫酸，将蛙的右后肢趾尖浸入硫酸，观察有无屈腿反射。

（6）通过BL-420E⁺生物机能实验系统输出的电刺

激（1～2 V，下同），刺激右侧坐骨神经中枢端，观察同侧和对侧后肢的反应。

(7) 用蛙针破坏脊髓后重复（6）的操作。

(8) 电刺激右侧坐骨神经外周端，观察同侧后肢的反应。

【注意事项】

每次用硫酸浸趾尖的深度及时间应基本一致，以防条件不同造成实验结果有误差。

【实验结果与分析】

记录实验结果，并逐项分析反射弧完整性与反射活动的关系。

【思考题】

(1) 什么是脊髓动物？为什么脊髓动物能完成一些反射活动？

(2) 反射弧的组成部分有哪些？

(3) 电刺激右侧坐骨神经中枢端，同侧和对侧后肢有何反应？为什么？

实验二十六　反射时的测定

【实验目的】

了解反射时的测定方法。

【实验原理】

反射活动通过反射弧完成，反射弧包括感受器、传入神经、神经中枢（反射中枢）、传出神经和效应器5个部分。反射时是指刺激感受器到出现反射所需时间，即反射通过反射弧所需要的时间。

【实验准备】

1. 动物　蛙或蟾蜍。

2. 试剂　0.5%硫酸和任氏液。

3. 器材　解剖器械、铁支架、双凹夹、培养皿、烧杯、棉球、纱布和秒表等。

【实验方法与步骤】

(1) 动物制备：自蛙的鼓膜前缘剪去全部脑髓，制成脊蛙，然后用线穿过下颌，将蛙悬挂在铁支架上。

(2) 用培养皿盛0.5%硫酸，将蛙一后肢的趾尖浸入硫酸中，同时记录浸入时起至腿发生屈曲所需的时间，重复3次，求其平均值，此值即为反射时。

3次用硫酸浸趾的深度及时间应基本一致，以免造成误差，影响实验结果。

【注意事项】

(1) 每次发生屈腿反射后，均要迅速用清水洗去皮肤上的硫酸，并用纱布擦干。

(2) 浸入硫酸仅限于趾尖部分，切勿浸入太多。

【实验结果与分析】

记录实验结果，求出反射时的平均值。

【思考题】

(1) 什么是反射时？

(2) 反射时的长短与刺激的强度有什么关系？

实验二十七 脊髓反射

【实验目的】

观察脊髓反射,了解兴奋在中枢神经系统内传导的基本特征。

【实验原理】

中枢神经系统活动的基本方式是反射。较复杂的反射需要中枢神经系统较高级部位的整合才能完成,较简单的反射只需中枢神经系统较低级部位就能完成。脊髓是中枢神经系统的最低级部位,它的机能最简单,便于观察,因而选用脊髓动物作为实验对象,以了解兴奋在中枢神经系统中传导的基本特征,包括总和、后放、扩散和抑制。

【实验准备】

1. 动物 蛙或蟾蜍。

2. 试剂 任氏液,0.5%硫酸。

3. 器材 BL-420E$^+$生物机能实验系统、解剖器械、铁支架、双凹夹、刺激电极和秒表等。

【实验方法与步骤】

1. 动物制备 自蛙的鼓膜前缘剪去全部脑髓,制成脊蛙,将蛙悬挂在铁支架上(图2-29)。

图2-29 脊髓反射

(引自王国杰,动物生理学实验指导,第4版,2008)

2. 观察项目

(1)空间总和:分别用两个阈下刺激刺激皮肤,观察是否有反应。然后用同样的阈下刺激,同时刺激两处邻近 通过BL-420E$^+$生物机能实验系统,先找到阈刺激,再用阈下皮肤，观察是否有反应。

（2）时间总和：只用一个刺激电极，以上述的阈下刺激强度用较快的速度先后刺激同一处皮肤，观察是否有反应。

（3）后放：用适当强度的阈上刺激重复刺激皮肤，以引起蛙的反射活动。注意在每次刺激后，反射活动是否立即停止，计算自刺激停止起至反射动作结束之前的持续时间。并比较较强阈上刺激和较弱阈上刺激之间刺激结果的差异。

（4）扩散：以较弱的阈上刺激刺激蛙的后趾皮肤，观察有何反应。逐渐加大刺激强度，观察在强刺激下蛙的反应有无增强。

（5）抑制：用镊子夹住蛙的一侧前肢，待其安静后，测定后趾出现屈腿反射的反射时，观察其反射时有无延长。

刺激进行空间总和和时间总和的实验。

用镊子夹住蛙的前肢时要用力，人为造成强刺激。

【注意事项】
（1）每次用硫酸刺激后要及时用清水洗去皮肤上的硫酸，并用纱布擦干。
（2）每次刺激间隔时间为 1～2 min，避免互相影响。

【实验结果与分析】
逐项记录并分析实验结果。

【思考题】
（1）兴奋在中枢神经系统中的传导为什么会有总和现象？
（2）产生后放的结构基础是神经元的哪一种联系方式？
（3）产生抑制的机理是什么？

实验二十八 去大脑僵直

【实验目的】
观察去大脑僵直现象，了解脑干对肌紧张的调节作用。

【实验原理】
脑干包括延髓、脑桥和中脑，脑干网状结构是中枢神经系统中重要的皮层下整合调节机构。在中脑的上丘、下丘之间横断脑干的去大脑动物，肌紧张出现亢进，表现为四肢僵直、头尾仰起、脊柱硬挺的现象，称为去大脑僵直。这是由于脑干网状结构存在有加强和抑制肌紧张和运动的区域，分别称为易化区和抑制区。正常情况下，脑干网状结构抑制区的活动需要大脑皮层、尾状核和小脑下行抑制系统的始动作用。若失去这种始动作用，则该抑制区的活动减弱，使肢体的肌肉紧张亢进。

【实验准备】
1. **动物**　家兔。
2. **试剂**　20%氨基甲酸乙酯。
3. **器材**　解剖器械、颅骨骨钻和咬骨钳等。

【实验方法与步骤】
1. 麻醉与固定 由兔的耳缘静脉缓慢注射20%氨基甲酸乙酯以麻醉兔,注射过程中应密切观察兔的肌张力、心跳、呼吸、瞳孔大小和角膜反射等。待兔达到浅麻醉状态后,背位固定于手术台上。

20%氨基甲酸乙酯注射量为每千克体重5mL,麻醉不宜过深。

2. 手术操作 剪去兔头顶的被毛,于头部正中线纵行切开皮肤,分离皮下结缔组织及肌肉,暴露颅骨。左手托住下颌,右手持骨钻,在矢状缝旁0.5 cm的顶骨上钻孔。然后以咬骨钳扩大创口,直至暴露出双侧大脑皮层,用注射器针头挑起硬脑膜并剪开。用手术刀侧面轻轻翻开枕叶,在上丘、下丘之间用刀刃稍向前对着下颌角方向将脑干切断(图2-30),将兔侧卧。

手术中注意止血,防止伤及大脑皮层。

3. 观察结果 若横切部位准确,一段时间后,可见动物四肢僵直、头昂尾翘,呈角弓反张状态(图2-31)。

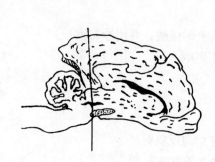

图2-30 去大脑僵直切断部位
(引自杨秀平,动物生理学实验,2004)

图2-31 兔去大脑僵直
(引自杨秀平,动物生理学实验,2004)

【注意事项】
(1) 麻醉不能太深。
(2) 切断脑干的部位要准确。

【实验结果与分析】
记录并分析实验结果。

【思考题】
(1) 脑干对肌紧张如何调节?
(2) 分析产生去大脑僵直的机制。

实验二十九 小脑的生理作用

【实验目的】
观察小脑对维持姿势及运动协调的调节作用。

【实验原理】
小脑对调节肌肉紧张、维持姿势、协调和形成随意运动均起着重要作用。小脑前叶有抑制对侧伸肌紧张的作用,当小脑一侧受到损伤后,则动物的正常姿势及运动协调都会遭到破坏。

【实验准备】
1. **动物** 小鼠。
2. **器材** 解剖器械、蛙板、蛙针和棉球等。

【实验方法与步骤】
将小鼠腹位固定于蛙板上,沿头部正中线剪开头皮,将颈肌向下剥离,从透明的颅骨即可看到小脑(图2-32)。然后用蛙针破坏其一侧小脑,并用棉球止血。放开小鼠任其行走,观察小鼠是否出现向一侧旋转或翻滚的现象及两侧肌张力是否一致。

> 破坏小脑时注意进针的深度,以免伤及中脑、延髓或对侧小脑。

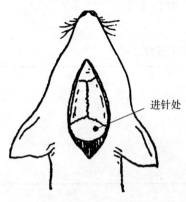

图2-32 破坏小鼠小脑位置示意图
(引自杨秀平,动物生理学实验,2004)

【注意事项】
破坏小脑时注意进针的深度,以免伤及中脑、延髓或对侧小脑。

【实验结果与分析】
记录实验结果,分析小脑对躯体运动的调节功能。

【思考题】
(1) 小鼠一侧小脑被损伤后,其姿势和躯体运动有何异常?
(2) 分析小脑对躯体运动的调节功能。

第八节 内分泌系统实验

实验三十 胰岛素和肾上腺素对机体血糖浓度的影响

【实验目的】
了解胰岛素和肾上腺素对血糖浓度的影响。

【实验原理】
机体血糖水平主要受激素的调节。胰岛素具有降低血糖浓度的作用,它通过增强肝外组织对葡萄糖的摄取和利用,促进肝糖原和肌糖原合成,抑制糖原分解,促进糖转变为脂肪,从而使血糖浓度降低。而肾上腺素能使环磷酸腺苷（cAMP）增加，从而增加磷酸化酶的活性，促进糖原分解，使血糖浓度升高。

【实验准备】

1. **动物** 小鼠。
2. **试剂** 胰岛素、0.1%肾上腺素、20%葡萄糖和生理盐水等。
3. **器材** 注射器。

【实验方法与步骤】

选择体重约20 g的小鼠3只，禁食24 h。实验时给3只小鼠分别皮下注射1~2 IU胰岛素。当小鼠出现低血糖症状（反应迟钝、爬行缓慢，严重时出现惊厥、昏迷等）后，1只小鼠腹腔注射生理盐水1 mL作为对照，其余2只分别腹腔注射20%葡萄糖1 mL和皮下注射0.1%肾上腺素0.1 mL（表2-4），观察结果并记录。

将小鼠实验前禁食24 h以上，注射胰岛素后低血糖症状更容易出现。

表2-4 3只小鼠的药物注射

小 鼠	Ⅰ	Ⅱ	Ⅲ
胰岛素（皮下注射）	1~2 IU	1~2 IU	1~2 IU
生理盐水（腹腔注射）	1 mL	—	—
20%葡萄糖（腹腔注射）	—	1 mL	—
0.1%肾上腺素（皮下注射）	—	—	0.1 mL

【实验结果与分析】

记录实验结果，分析胰岛素和肾上腺素影响血糖浓度的原因。

【思考题】

(1) 胰岛素是如何降低血糖浓度的？
(2) 调节血糖的激素有哪些？

实验三十一 动物摘除肾上腺的应激观察

【实验目的】

了解肾上腺皮质激素对机体水盐代谢和应激能力的影响。

【实验原理】

肾上腺皮质对维持机体生命和物质代谢有着重要作用。肾上腺皮质分泌的激素有盐皮质激素、糖皮质激素和少量的性激素。糖皮质激素参与体内物质（糖、蛋白质和脂肪）代谢的调节和应激反应，还参与机体的抗炎和抗免疫作用；盐皮质激素主要参与水盐代谢的调节。动物在摘除两侧肾上腺后，肾上腺皮质功能失调现象迅速出现，如食欲下降，血压降低，肌无力，同时表现出抗炎症、抗过敏及对不良环境的应激能力下降的症状，严重时甚至危及生命。

【实验准备】

1. **动物** 小鼠。

2. 试剂 碘酊和乙醚。

3. 器械 解剖器械、小动物解剖台、温度计、秒表和75％乙醇棉球等。

【实验方法与步骤】

1. 实验的准备 选取品种、性别相同，体重相近的小鼠6只，随机分为2组，每组3只。将小鼠扣于大烧杯中，用浸有乙醚的棉球将其麻醉后，俯卧固定于解剖台上。于最后肋骨至骨盆区之间背部剪去被毛，消毒后，从最后胸椎处向后沿背部正中线切开皮肤1.0～2.0 cm（图2-33）。在一侧背最长肌外缘分离肌肉，剪开腹腔，扩张创口，将肝略向前推，找到肾，在肾的上方即可找到由脂肪组织包埋的淡黄色的肾上腺。用小镊子轻轻摘除肾上腺，然后将皮肤切口向另一侧牵拉，用同样的方法摘除另一侧肾上腺。最后缝合肌层和皮肤，消毒。对照组的小鼠也做同样的手术，但不摘除肾上腺。

注意小鼠勿麻醉过深。

摘除肾上腺时，肾上腺与肾之间的血管和组织可用镊子夹住片刻，不必结扎血管。

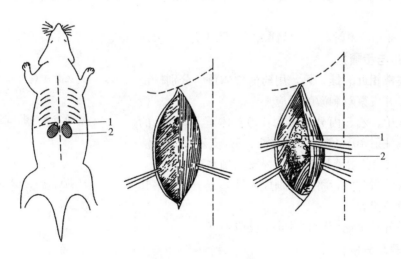

图2-33 小鼠肾上腺摘除
1. 肾上腺 2. 肾
（引自杨秀平，动物生理学实验，2004）

2. 实验观察 手术3 d后全部小鼠均只喂清水，禁食2 d。然后将各组小鼠投入4 ℃的水箱中游泳，观察记录各组小鼠溺水下沉的时间。分析比较各组小鼠游泳能力和耐受力有何差异，并说明理由。

【注意事项】

（1）实验小鼠的麻醉勿过深。

（2）手术过程中防止小鼠失血过多。

【实验结果与分析】

记录实验结果，分析肾上腺皮质激素影响小鼠抗应激能力的原因。

【思考题】
(1) 肾上腺糖皮质激素有何生理作用?
(2) 肾上腺盐皮质激素如何影响水盐代谢?

第九节 药物作用实验

实验三十二 药物剂量与剂型对药物作用的影响

【实验目的】
了解药物的不同剂量和剂型对药理作用的影响。

【实验原理】
安钠咖能够导致蛙发生惊厥反应,药物的剂量与惊厥反应的程度表现相关性;阿拉伯胶影响药物的吸收,使药物作用发生变化。

【实验准备】
1. 动物 蛙。
2. 试剂 10%安钠咖水溶液、5%安钠咖水溶液和用0.3%阿拉伯胶溶液稀释的10%安钠咖水溶液。
3. 器材 1 mL注射器、6号针头、8号针头、针丝笼和天平等。

【实验方法与步骤】
(1) 取体重相近的蛙3只,用药前称体重,分别标记甲、乙、丙,并观察对刺激的反应。 无正常反射的蛙不用于试验。

(2) 将蛙甲、乙、丙分别按每100 g体重1.0 mL的剂量腹淋巴囊注射10%安钠咖水溶液、5%安钠咖水溶液和用0.3%阿拉伯胶溶液稀释的10%安钠咖水溶液。 教师演示腹淋巴囊位置及给药方法。

(3) 记录注射时间,将蛙分别放入铁丝笼中,观察其对刺激的反应情况。 给药时间从注射开始时算起。

(4) 记录各蛙出现惊厥的时间及反应强度。

【实验结果与分析】
将实验结果填入表2-5,并分析原因。

表2-5 药物剂量和剂型对药物作用的影响

蛙号	药物	给药时间	出现惊厥时间	反应强度
甲	10%安钠咖水溶液			
乙	5%安钠咖水溶液			
丙	0.3%阿拉伯胶溶液稀释的10%安钠咖水溶液			

【注意事项】
(1) 蛙在不同季节的反应差异较大,夏季反应较强,冬季反应较弱,冬季实验时,可适当增加剂量。

(2) 注射含阿拉伯胶安钠咖注射液的针头宜粗些,且注射后立即洗净,以免堵塞针头。

【思考题】
(1) 比较实验结果，并说明其原因。
(2) 在临床上选择药物的剂型、剂量有何实践意义？

实验三十三　局部麻醉药对神经传导作用的影响

【实验目的】
(1) 了解普鲁卡因对神经传导的影响。
(2) 了解传入神经纤维和传出神经纤维对局部麻醉药敏感度的差异。

【实验原理】
普鲁卡因具有局部麻醉作用，能够阻止外周神经冲动向中枢的传递，但该作用仅限于用药局部。

【实验准备】
1. 动物　蛙。
2. 试剂　1‰盐酸普鲁卡因和5%盐酸。
3. 器材　粗剪刀、铁夹架、粗针、粗线、烧杯（50 mL和500 mL）、纱布、1 mL注射器和8号针头等。

【实验方法与步骤】
(1) 取蛙一只，剪去大脑，用线穿过下颌悬挂在铁架上。　　　　　　　　　　从两眼后缘横剪，剪后用纱布止血。

(2) 分别将其两后肢的趾浸泡于5%盐酸溶液中，观察有无屈腿反应。浸泡后立即用清水洗净，并用纱布擦干。　　　　　　　　如果蛙没有反射，不能用于实验。

(3) 在左腿腓三头肌注射1‰盐酸普鲁卡因溶液0.3～0.5 mL，使药液浸润坐骨神经干周围。　　　注意注射给药的手势及基本技巧。

(4) 然后每5 min测定此腿有无屈腿反应及反应的速度和强度有无改变。

(5) 在测定左腿屈腿反应的同时，也测定右腿有无屈腿反应，并观察另一侧腿有无屈腿反应。

【实验结果与分析】
将实验结果填入表2-6，并分析原因。

表2-6　局部麻醉药对神经传导作用的影响

测定时间	用药前	用药后5 min	用药后10 min	用药后15 min
刺激左腿				
刺激右腿				

注：+表示有屈腿反应；-表示无屈腿反应。

【注意事项】
蛙腿每次浸泡时间不超过 20 s，若无屈腿反应则另换一只蛙进行实验。
【思考题】
局部麻醉药对传入神经和传出神经的作用是否一致？为什么？

实验三十四　药物的理化性质与药理作用的关系

【实验目的】
了解药物的理化性质对药物作用的影响。
【实验原理】
硫酸钡和氯化钡具有不同的溶解度，因此同样剂量用药，有不同的钡离子在体内发生作用，产生不同的药理作用。
【实验准备】
1. 动物　小鼠。
2. 试剂　硫酸钡和氯化钡。
3. 器材　注射器（1 mL 和 5 mL）、6 号针头、试管、试管架、小烧杯、药物天平、10 mL 量筒和药匙等。
【实验方法与步骤】
（1）取 2 支试管，第 1 支试管加入硫酸钡 0.2 g，第 2 支试管加入氯化钡 0.2 g，然后在 2 支试管中各加入蒸馏水 8 mL，比较 2 者的溶解度。
（2）再取体重相近的 2 只小鼠，分别标记甲、乙，甲鼠腹腔内注射硫酸钡溶液 1 mL；乙鼠腹腔内注射氯化钡溶液 1 mL；记录给药时间，并观察 2 只鼠有何不同表现。

注意小鼠腹腔注射给药的手势及基本技巧。

【实验结果与分析】
观察记录 2 只鼠对不同浓度钡离子的不同表现及结果，分析出现该现象的原因。
【注意事项】
小鼠腹腔注射尽量避免注射到皮下。

实验三十五　不同给药途径对药物作用的影响

【实验目的】
（1）观察药物从不同途径给药引起机体不同的作用。
（2）观察不同给药途径对药物的作用速度和强度的影响。
【实验原理】
硫酸镁注射液肌内注射与灌服给药，由于药物给药途径不同，导致存在不同的药理反应。乌来糖不同途径给药，由于吸收和代谢过程存在差异，使药效出现时间及程度存在差异。
【实验准备】
1. 动物　小鼠。
2. 试剂　4%硫酸镁注射液和 15%乌来糖。

3. 器材　1 mL 注射器、5 号针头、4 号针头、小鼠胃管针、小铁丝笼和天平等。

【实验方法与步骤】

（1）取体重相近的小鼠 2 只，称体重，并标记 1 号和 2 号，一只以 4%硫酸镁按每 10 g 体重 0.2 mL 的剂量肌内注射；另一只以同样剂量灌胃，观察两只小鼠的反应有何不同。

（2）取小鼠 3 只，称体重，并标记甲、乙、丙，观察正常活动及翻正反射情况，然后用 15%乌来糖以不同给药途径给药：①甲鼠以每 10 g 体重 0.07 mL 灌胃；②乙鼠以每 10 g 体重 0.07 mL 肌内注射；③丙鼠以每 10 g 体重 0.07 mL 尾静脉注射。

（3）观察动物的反应情况和活动情况，以翻正反射消失为麻醉开始的指标。

（4）记录麻醉开始时间（即给药至翻正反射消失的时间）、麻醉维持时间（即从翻正反射消失至恢复的时间），并观察麻醉深度有何不同（用镊子夹其后肢，看其反应）。

> 注意小鼠灌胃给药及尾静脉给药的手势及技巧。
>
> 强调肌内注射给药的注意事项。
>
> 注意麻醉深度的判断标准。

【实验结果与分析】

将实验结果填入表 2-7 和表 2-8，并分析原因。

表 2-7　不同给药途径对 4%硫酸镁注射液作用的影响

鼠号	给药途径	反应
1	肌内注射	
2	灌服	

表 2-8　15%乌来糖不同给药途径对动物麻醉的影响

鼠号	给药途径	给药时间	麻醉开始时间	麻醉维持时间	麻醉深度
甲	灌胃				
乙	肌内注射				
丙	尾静脉注射				

【注意事项】

灌胃给药时，需注意观察小鼠的反应，灌胃针需插入较深，保证药液完全进入胃中。

【思考题】

分析出现以上不同实验结果的原因。

实验三十六　肝功能对药物作用的影响

【实验目的】

观察肝对药物作用的影响。

【实验原理】

肝功能破坏的小鼠无法完成对乌来糖的正常代谢，使药物在体内有较高浓度，出现正常小鼠同剂量用药观察不到的反应。

【实验准备】

1. 动物　健康小鼠和肝损坏的小鼠。

2. 试剂　10%四氯化碳和15%乌来糖。

3. 器材　1 mL注射器、5号针头、6号针头、天平、灌胃针头和鼠笼等。

【实验方法与步骤】

（1）肝损坏法：将实验小鼠在正式实验前24 h，用10%四氯化碳溶液灌胃，剂量为每10 g体重0.1 mL，以损害肝。

10%四氯化碳溶液：用10 mL四氯化碳，在研钵中加适量吐温-80，慢慢边加水边研磨至100 mL即成。

（2）取健康的以及已用四氯化碳损坏肝的小鼠各一只，分别以每10 g体重0.07 mL的剂量腹腔注射15%乌来糖。

【实验结果与分析】

观察健康鼠和损坏肝的鼠注射乌来糖溶液后出现的现象有何不同，包括麻醉深度和麻醉维持时间，并分析原因。

【注意事项】

进行肝破坏实验时四氯化碳需进行充分研磨，使液滴呈均匀乳状，且无块状物时方可进行灌胃。

【思考题】

正常肝功能对药物作用有什么影响？在肝损坏后，用药应注意什么问题？

实验三十七　药物的配伍禁忌

【实验目的】

了解两种以上药物配合在一起时，除了在体外可以出现物理性或化学性的配伍禁忌外，在体内也可能产生药理性的配伍禁忌。因而在临床配伍用药时必须引起注意。

【实验原理】

安钠咖为中枢神经系统兴奋药，与中枢神经系统麻醉药乌来糖同时使用存在药理性配伍禁忌，与后者的效应颉颃。

硫酸链霉素和乌来糖按实验剂量单独使用观察不到可见的毒性反应，二者合用，毒性增加，会出现明显的中毒症状。

【实验准备】

1. 动物　小鼠。

2. 试剂　安钠咖注射液、15%乌来糖和3%硫酸链霉素注射液。

3. 器械　1 mL注射器、5号针头、天平、小烧杯、pH试纸、白瓷板、试管、平皿、酒精灯、玻棒和试管夹等。

【实验方法与步骤】

（1）取小鼠2只，分别标记甲、乙，用药前观察两鼠的正常活动及翻正反射，然后称重。

（2）甲鼠肌内注射安钠咖注射液（每10 g体重

由于已经熟悉各项实验技能，本实验老师不讲解，由学生在预习和讨论后，在组长的组织下自己完

0.1 mL），然后甲、乙两鼠分别腹腔注射15%乌来糖（每10 g体重0.07 mL）。

（3）观察并记录甲鼠和乙鼠的反应。

（4）取小鼠3只，逐个称重，分别标记1号、2号、3号，观察其正常活动情况及翻正反射，然后给药。

1号：肌内注射硫酸链霉素溶液每10 g体重0.1 mL。

2号：腹腔注射15%乌来糖每10 g体重0.07 mL。

3号：先肌内注射硫酸链霉素（每10 g体重0.1 mL），再腹腔注射15%乌来糖（每10 g体重0.07 mL）。

（5）观察3只小鼠的反应并记录。

【实验结果及分析】

观察记录实验结果，并分析原因。

【思考题】

药物的药理性配伍禁忌在临床上有什么意义？

成，老师旁观并在最后进行点评。

实验三十八　药物的协同作用和拮颃作用

【实验目的】

观察药物的协同作用和拮颃作用。

【实验原理】

硫酸阿托品与硝酸毛果芸香碱存在拮颃作用，与盐酸肾上腺素存在协同作用。

【实验准备】

1. 动物　家兔。

2. 试剂　0.05%硫酸阿托品注射液、0.1%盐酸肾上腺素注射液和0.2%硝酸毛果芸香碱。

3. 器材　1 mL注射器、游标卡尺和兔固定箱。

【实验方法与步骤】

（1）取兔一只，放于兔固定箱内，避免阳光直射兔眼，然后用游标卡尺测量瞳孔大小，左右瞳孔都进行测量。各连续测3次，取平均值。

（2）在兔的左眼滴入0.2%硝酸毛果芸香碱3滴；右眼滴入0.1%盐酸肾上腺素注射液3滴。

（3）滴药15 min后再分别连续3次测量左右瞳孔的大小，各取平均值。

（4）再分别于两眼各滴入0.05%硫酸阿托品注射液3滴，15 min后观察两眼瞳孔的变化，测定瞳孔大小（连续3次，取平均值），进行比较。

滴药时，左眼用左手，右眼用右手，拇指和食指将下眼睑向外拉起，使之成囊状，再用中指轻轻压住鼻泪管开口，防止药液流入鼻泪管而不起作用，另一只手滴入药液。药液滴入后维持按压鼻泪管以及提拉眼睑的动作1 min，让药物充分作用，然后松手，让药液流出。

【实验结果与分析】

将实验结果填入表2-9，并分析原因。

表 2-9 不同药物对瞳孔的影响

	用药前				毛果芸香碱				肾上腺素				阿托品			
	1	2	3	平均	1	2	3	平均	1	2	3	平均	1	2	3	平均
左眼瞳孔（mm）																
右眼瞳孔（mm）																

【注意事项】

本实验一定要有效防止药液流入鼻泪管。

【思考题】

以实验结果说明协同作用和颉颃作用的意义。

实验三十九 利多卡因和普鲁卡因的表面麻醉作用观察

【实验目的】

了解利多卡因和普鲁卡因的表面麻醉作用的差异，以了解对表面麻醉的要求。

【实验原理】

利多卡因表面渗透性强，适用于进行表面麻醉，而普鲁卡因不适用于表面麻醉。

【实验准备】

1. 动物 家兔。

2. 试剂 1%盐酸利多卡因和1%盐酸普鲁卡因。

3. 器材 滴管和兔固定箱。

【实验方法与步骤】

（1）取兔一只，放入兔固定箱内，剪去睫毛，用兔须轻触角膜表面，观察并记录眨眼反射情况。

（2）用药前反应为阳性反应，然后于左眼滴入1%盐酸利多卡因溶液两滴，右眼滴入1%盐酸普鲁卡因两滴。

（3）滴药后，以同样方法测定眨眼反射，比较两药对兔眼角膜麻醉作用强度、开始时间及持续时间有何不同。

滴药时应压住鼻泪管，以防药液流入鼻腔，使药液停留 1 min，然后任其流出。

【实验结果与分析】

将实验结果填入表 2-10，并分析原因。

表 2-10 利多卡因和普鲁卡因的表面麻醉作用

眼	药物	用药前的反应	用药后的反应							
			2 s	5 s	10 s	20 s	30 s	40 s	50 s	60 s
左	利多卡因									
右	普鲁卡因									

注：+表示阳性反应，表明角膜未麻醉或不麻醉；-表示无反应，表明角膜全麻醉。

【注意事项】

刺激角膜时宜采用垂直方向，每次用力相同。

【思考题】
利多卡因和普鲁卡因对兔眼的表面麻醉作用有何不同？为什么？有何临床意义？

实验四十　普鲁卡因对家兔椎管麻醉作用的观察

【实验目的】
了解普鲁卡因对脊髓的传导麻醉作用。

【实验原理】
普鲁卡因具有局部麻醉作用，可以用于椎管麻醉。

【实验准备】
1. **动物**　家兔。
2. **试剂**　2%盐酸普鲁卡因注射液。
3. **器材**　5 mL注射器、针头（新5号）若干、乙醇棉球、粗剪刀和台秤等。

【实验方法与步骤】
（1）取兔一只，称重。将其背部近腰骶部的毛剪去。先观察正常兔的活动情况，如四肢站立和行走姿态，并用针刺其后肢观察是否有痛觉反射。

（2）由一人将兔的四肢固定在一起，尽量使其头尾向腹部弯曲，剪毛部位消毒后，在兔背部髂骨脊线的中点（脊柱正中）稍下方摸到第七椎间（第七腰椎与第一骶椎之间），用20号针头（新5号）插入腰椎穿刺，注入2%的普鲁卡因（每千克体重0.5 mL）。

当针到达椎管（即蛛网膜下腔）时，可见到家兔由于受到刺激，出现明显挣扎，此时需要迅速注射药液。注意这时要确实保定动物，否则动物挣扎易损伤脊髓。

（3）继续观察兔的活动情况，并测定后肢的痛觉反射，记录麻醉时间和麻醉作用持续时间。

【实验结果与分析】
将实验结果填入表2-11，并分析原因。

表2-11　普鲁卡因对家兔的椎管麻醉作用

兔体重（kg）	剂量（mL）	痛觉反射情况		四肢的活动情况		麻醉开始时间	麻醉持续时间	活动状态
		用药前	用药后	用药前	用药后			

【思考题】
脊髓麻醉有何临床意义？

实验四十一　水合氯醛对家兔全身麻醉作用的观察

【实验目的】
了解水合氯醛对家兔的麻醉作用及主要体征的变化。

【实验原理】

水合氯醛对家兔具有全身麻醉作用，导致用药前后兔体生理体征发生不同的变化。

【实验准备】

1. 动物 家兔。

2. 试剂 新鲜配制的5%水合氯醛。

3. 器材 兔固定箱、台秤、体温计、10 mL注射器、6号针头、乙醇棉球和游标卡尺等。

【实验方法与步骤】

（1）取兔1只，称重。

（2）观察并且记录用药前各项主要体征的情况。

（3）静脉注射5%水合氯醛，每千克体重3～4 mL，直至兔自然卧倒，即停止注射。

（4）观察体征变化，并记录麻醉持续时间。

注射速度宜慢，药液不能漏出血管外。注射至全部药量的2/3剂量时，打开兔箱观察，如果兔已经麻醉则停止注射。注意整个给药过程需用手按住进针部位，不要将针头拔出血管外，注射过程中会出现家兔挣扎的情况，因此需要其他同学配合，以适当固定家兔头部，以免由于挣扎出现针头离开血管的现象。

【实验结果与分析】

将实验结果填入表2-12，并分析原因。

表2-12 水合氯醛对兔的全身麻醉作用

用药前后		呼吸次数	心跳次数	肌肉紧张度	瞳孔（mm）	痛觉反射	角膜反射	肛门反射	体温（℃）
用药前									
用药后	麻醉期								
	苏醒期								

【注意事项】

实验前要先练习观察兔的呼吸和心跳。

【思考题】

全身麻醉过程要注意哪些事项？

实验四十二　解热镇痛药对发热家兔体温的影响

【实验目的】

观察解热镇痛药的解热作用。

【实验原理】

氨基比林是临床常用的解热镇痛药。

【实验准备】

1. 动物 家兔。

2. 试剂 伤寒与副伤寒混合疫苗（灭活菌）（或是灭菌的牛乳或蛋白胨）、灭菌生理盐水、5%氨基比林和石蜡油等。

3. 器材 台秤、体温计、30 mL 玻璃注射器、5 mL 注射器、针头若干和乙醇棉球等。

【实验方法与步骤】

（1）取正常成年兔 3 只，编号为甲、乙、丙，分别测量并记录正常体温。　　　　　　　　　　　兔的正常体温为 38.5～39.5 ℃。

（2）于 5 h 内给乙、丙两兔注射疫苗（每千克体重 0.8 mL）或灭菌牛乳（每只 10 mL）或 2％蛋白胨（每千克体重 6 mL），体温比正常上升 1 ℃以上，则进行试验。

（3）给发热的乙兔腹腔注射生理盐水每千克体重 2 mL，甲、丙两兔各腹腔注射 5％氨基比林溶液每千克体重 2 mL。

（4）于给药后 0.5 h、1.0 h 和 1.5 h 测量体温，观察并记录各兔体温的变化。

【实验结果与分析】

将实验结果填入表 2-13，并分析原因。

表 2-13　解热镇痛药对发热家兔体温的影响

兔号	体重	正常体温（℃）	药物	注射牛乳后的体温（℃）	给药后的体温（℃）		
					0.5 h	1.0 h	1.5 h
甲							
乙							
丙							

【注意事项】

在进行体温测定时需维持 3～5 min，防止体温计脱出肛门，禁止强行将体温计插入肛门。

【思考题】

实验结果说明了什么问题？临床上应用解热镇痛药应该注意什么问题？

第三章

综合性实验

实验四十三 循环、呼吸、泌尿综合实验

【实验目的】

通过观察动物在整体情况下各种理化刺激引起循环、呼吸和泌尿等系统发生适应性的改变，以加深对机体在整体状态下的整合机制的认识。

【实验原理】

动物机体总是以整体的形式存在，不仅以整体的形式与外界环境保持密切的联系，而且可通过神经-体液调节机制不断改变和协调各器官、系统（如循环、呼吸和泌尿等系统）的活动，以适应内环境的变化，维持机体新陈代谢的正常进行。

【实验准备】

1. 动物 家兔。

2. 试剂 20%氨基甲酸乙酯、0.5%肝素生理盐水、38 ℃生理盐水、0.01%去甲肾上腺素、0.01%乙酰胆碱、呋塞米（速尿）、抗利尿激素（ADH）、20%葡萄糖、3%乳酸、5%碳酸氢钠、CO_2气体和钠石灰等。

3. 器材 BL-420E$^+$生物机能实验系统、解剖器械、兔手术台、动脉夹、注射器、压力换能器、张力换能器、气管插管、橡皮管、球囊、动脉插管、输尿管插管（或膀胱套管）、刻度试管、金属小钩、铁支架、三通管、丝线和纱布等。

【实验方法与步骤】

1. 手术操作

（1）麻醉和固定：由兔的耳缘静脉缓慢注射20%氨基甲酸乙酯以麻醉兔，注射过程中应密切观察兔的肌张力、心跳、呼吸、瞳孔大小和角膜反射等。麻醉后将兔仰卧固定于手术台上，注意放正颈部。

20%氨基甲酸乙酯注射量为每千克体重5 mL。

（2）颈部手术：①行常规气管插管术；②行右侧颈总动脉插管术，并连接压力换能器，记录血压。

（3）上腹部手术：上腹部剪去被毛，切开胸骨剑突部位的皮肤，沿腹白线切开长约2 cm的切口，小心分离、暴露剑突软骨及胸骨柄，剪断胸骨柄，将缚有长线的金属

注意打开腹腔时不要伤及腹腔内器官。

小钩钩于剑突中间部位，线的另一端连接张力换能器，记录呼吸。

（4）下腹部手术：下腹部剪去被毛，沿耻骨前缘正中线切开皮肤约 4 cm，剪开腹壁，在腹腔底部找出两侧输尿管，实施输尿管插管术（也可做膀胱插管，暴露膀胱行膀胱漏斗结扎术）。

2. 仪器连接 分别将压力换能器、张力换能器和记滴器与 BL-420E⁺ 生物机能实验系统相连，选定各信号输入的通道，根据信号窗口显示的波形，再适当调节实验参数以获得最佳的波形效果。

3. 实验项目

（1）记录一段正常的动脉血压曲线、呼吸曲线和尿量。

（2）吸入 CO_2 气体：将装有 CO_2 的气囊（可用呼出气体）的管口对准气管插管，观察血压、呼吸及尿量的变化。

每项实验做完需待血压基本恢复正常或平稳后再开始下一个项目。

（3）缺氧：将气管插管的一侧管与装有钠石灰的广口瓶相连，广口瓶的另一开口与盛有一定量空气的气囊相连，此时动物呼出的 CO_2 可被钠石灰吸收，随着呼吸的进行，气囊里的 O_2 逐渐减少，可造成缺氧。观察血压、呼吸及尿量的变化。

（4）改变血液的 pH：①由耳缘静脉较快地注入 3% 乳酸 2 mL，观察 H^+ 增多时对血压、呼吸及尿量的影响。②由耳缘静脉较快地注入 5% $NaHCO_3$ 6 mL，观察血压、呼吸及尿量的变化。

实验需多次静脉注射药物，因此每次注射应尽可能从耳缘静脉远端进针。

（5）夹闭颈总动脉：待血压稳定后，用动脉夹夹住左侧颈总动脉，观察血压、呼吸及尿量的变化。出现明显变化后去除动脉夹。

（6）电刺激迷走神经和减压神经：将保护电极与刺激输出线连接，待血压恢复后，分别将右侧迷走神经、减压神经轻轻搭在保护电极上，选择刺激强度 6 V，刺激频率 40～50 次/s，刺激 15～20 s，观察血压、呼吸及尿量的变化。

应随时注意密切观察动物的麻醉深度，如因实验时间过长，麻醉变浅，动物苏醒挣扎，可酌量补注少许麻醉剂。

（7）静脉注射生理盐水：由耳缘静脉快速注射 38 ℃ 生理盐水 30 mL，观察血压、呼吸及尿量的变化。

（8）静脉注射利尿剂：待血压恢复后，由耳缘静脉注射呋塞米（速尿）0.5 mL，观察血压、呼吸及尿量的变化。

（9）静脉注射抗利尿激素（ADH）：在注射利尿药的基础上，由耳缘静脉缓慢注射垂体后叶素 2 IU，观察血压、呼吸及尿量的变化。

（10）静脉注射去甲肾上腺素（NE）：待血压恢复后，由耳缘静脉注射 0.01% 去甲肾上腺素，每千克体重 0.15 mL，观察血压、呼吸及尿量的变化。

（11）静脉注射乙酰胆碱（ACh）：待血压恢复后，由耳缘静脉注射 0.01% 乙酰胆碱，每千克体重 0.15 mL，观察血压、呼吸及尿量的变化。

（12）静脉注射葡萄糖：待血压恢复后，由耳缘静脉注射 20% 葡萄糖 5 mL，观察血压、呼吸及尿量的变化。

（13）动脉放血：待血压恢复后，调节三通管使动脉插管与 50 mL 注射器相通，放血 50 mL，观察血压、呼吸及尿量的变化。注射器预先用肝素生理盐水浸润过，放血后立即用肝素生理盐水将插管内血液输回兔体内，以防凝血。

（14）回输血液：放血后 5 min，经动脉插管将放出的血液全部回输入兔体内，观察血压、呼吸及尿量的变化。

【注意事项】

（1）在麻醉时，应缓慢将药物推入，防止动物因麻醉过量而致死。

（2）剪断胸骨柄时，不能剪得过深，以免伤及其下附着的膈肌。

（3）做输尿管插管术时，要防止插入管壁肌层之间。

（4）术后要用湿纱布覆盖手术切口，以防水分流失。

（5）在前一项实验的作用基本消失后，再做下一项实验。

【实验结果与分析】

（1）逐项记录实验结果（表 3-1）。

（2）逐项分析不同处理使血压、呼吸和尿量发生变化的原因。

表 3-1 影响动物血压、呼吸和尿量发生变化的因素

编号	实验条件	血压（Pa）	呼吸运动（次/min）	尿量（滴/min）
1	实验前			
2	吸入 CO_2			
3	缺氧			
4	血液 H^+ 浓度升高			
	血液 HCO_3^- 浓度升高			
5	夹闭颈总动脉			
6	刺激迷走神经			
	刺激减压神经			
7	静脉注射生理盐水			
8	静脉注射利尿剂			
9	静脉注射 ADH			
10	静脉注射 NE			
11	静脉注射 ACh			
12	静脉注射葡萄糖			
13	动脉放血			
14	回输血			

【思考题】

试从动物机体整体状态下的整合机制,分析上述各项实验观察结果及其作用机制。

实验四十四 猪肌肉和血液组织中氟苯尼考残留提取和高效液相色谱检测

【实验目的】

(1) 了解猪肉和猪血浆中氟苯尼考的提取方法。

(2) 了解高效液相色谱仪的原理。

(3) 了解高效液相色谱仪的检测过程。

(4) 学习对色谱图的解读和分析。

【实验原理】

使用乙酸乙酯对猪肉中的氟苯尼考进行两次提取,用高效液相色谱法(HPLC)进行样品检测。

【实验准备】

1. 药品试剂 氟苯尼考对照品(含量99.2%,由中国兽医药品监察所提供)、乙腈(色谱纯)、乙酸乙酯(含量不低于99.5%)、正己烷(含量不低于95.0%)和肝素钠。

2. 生物样品制备 购买保育猪1只,肌内注射氟苯尼考,在用药后1 h,前腔静脉采血,肝素钠抗凝,3 000 r/min离心5 min,分离血浆并置于冰箱结冻层保存。之后进行屠宰并均质肉样,结冻保存肉样。

3. 器材 解剖刀、离心管、离心机、移液枪、均质器、漩涡混合器、氮吹仪和高效液相色谱仪等。

【实验方法与步骤】

1. 猪血浆和猪肉中氟苯尼考的前处理方法的异同比较

(1) 血浆前处理方法:从冰箱中取出血浆,自然解冻后摇匀,准确吸取0.50 mL置于15 mL离心管中,加入乙酸乙酯1.5 mL,漩涡振摇5 min,5 000 r/min离心5 min,吸取上层液于另一离心管中,再向残渣加入乙酸乙酯1.5 mL,漩涡振摇3 min进行二次提取。5 000 r/min离心5 min,取上层液与第一次清液混合。用氮气吹干,加入0.50 mL流动相,漩涡振摇2 min并超声5 min溶解残留物。加入2.0 mL饱和正己烷(饱和物为乙腈)漩涡振摇2 min,分层后弃去正己烷,重复一次。用孔径为0.2 μm的滤膜滤过后,取20 μL用HPLC进样检测。

(2) 肌肉前处理方法(方法同上,提取液剂量加倍):取肌肉1 g,加入3 mL乙酸乙酯漩涡振摇5 min,5 000 r/min离心5 min,吸取上层液于另一离心管中,再向残渣加入乙酸乙酯3 mL,漩涡振摇3 min进行二次提取。5 000 r/min离心5 min,取上层液与第一次清液混合。用氮气吹干,加入

注意前处理相关仪器的使用,包括氮吹仪、旋转蒸发仪和超声提取仪等。

色谱条件:检测器,DAD;色谱柱,Cloversil ODS-U 5 μm 4.6 mm L.D.×250 mm;检测波长,223 nm;柱温,30 ℃;流动相,乙腈-水(30/70,V/V);流速,1 mL/min。

1.0 mL 流动相，旋涡振摇 2 min 并超声 5 min 溶解残留物。加入 3.0 mL 饱和正己烷（饱和物为乙腈）旋涡振摇 2 min，分层后弃去正己烷，重复一次。用孔径为 0.2 μm 的滤膜滤过后，取 20 μL 用 HPLC 进样检测。

2. 样品检测 用高效液相色谱仪对提取样品进行检测，并与标准物进行比较。

【实验结果与分析】

对实验结果进行色谱图解释和分析；对各个组得出的色谱图进行记录，并对结果进行合理的解释；写出实验体会，包括前处理过程注意事项，进样过程注意事项，流动相、温度的变化对色谱图的影响，氟苯尼考对温度的敏感性等。

【思考题】

（1）实验结果说明了什么问题？

（2）药物的前处理过程应该注意什么问题？

实验四十五 抗菌药物最小抑菌浓度（MIC）的测定

【实验目的】

（1）掌握细菌培养技术，包括细菌的分离、培养，含菌量的测定。

（2）掌握细菌分离培养过程中的无菌操作。

（3）掌握微量肉汤二倍稀释法测定抗菌药物 MIC 的基本步骤，能准确测出各种抗菌药物的 MIC 值，了解单药的抗菌活性。

（4）为棋盘法设计棋盘做准备，求棋盘法的中心浓度。

【实验原理】

抗生素在体外能够对细菌的生长起到一定的抑制作用。

【实验准备】

1. 菌株 标准菌株或临床分离菌株。

2. 药物及培养基 两种抗菌药（注明来源及含量）、MH 肉汤和 LB 营养琼脂培养基等。

3. 器材 96 孔细胞培养板、1 mL 和 200 μL 移液枪、1 mL 和 200 μL 枪头、10 mL 刻度吸管、洗耳球、小试管、锥形瓶、容量瓶、加塞小药瓶、试管架、平皿、接种棒、酒精灯、分析天平、自动高压灭菌锅、超净工作台和 37 ℃ 恒温箱等。

【实验方法与步骤】

1. 实验前的准备

（1）器具的清洗：将试管、平皿、锥形瓶、枪头等实验器具洗净、包好，121 ℃、20 min 高压灭菌，放烘箱烘干备用。

96 孔细胞培养板（不可高压灭菌）用洗液浸泡、超声、冲洗干净后，泡 75% 乙醇备用（用前取出放超净台吹干，紫外杀菌 2 h 以上）。

（2）试剂的配制：①磷酸缓冲液（PBS）的配制：见表 3-2。②生理盐水的配制：称取 0.9 g NaCl 于锥形瓶中，加入 100 mL 蒸馏水，溶解。③MH 琼脂、肉汤的配制：按照实际说明书的要求，称取一定量 LB 琼脂于锥形瓶中，加入 100 mL 蒸馏水，溶解。按照试剂说明书的要求，称取一定量 MH 肉汤粉于锥形瓶中，加入 100 mL 蒸馏水，溶解。取琼脂和肉汤分装于小试管中，每管 2 mL。

表 3-2 磷酸缓冲液（PBS）的配制

磷酸缓冲液	$Na_2HPO_4 \cdot 12H_2O$ (g)	$NaH_2PO_4 \cdot 2H_2O$ (g)	蒸馏水（mL）
pH 4.5	0.179	1.482	100
pH 6.0	0.881	2.736	100
pH 7.8	6.518	0.265	100

将配好的琼脂、肉汤包装好，121 ℃、20 min 高压灭菌。待琼脂稍冷后，在超净台倒平板（15～20 mL 琼脂平板），凝固后置 37 ℃ 恒温培养箱过夜做无菌检查，合格后和肉汤一起置于 4 ℃ 冰箱保存备用。

（3）药物原液的配置及保存：各种抗菌药用蒸馏水或不同 pH 的 PBS 稀释至所需浓度，抗生素过滤除菌，化学合成药高压灭菌，分装备用（表 3-3）。

（4）菌液的配制：挑取标准菌株或临床分离菌株，放入 MH 营养肉汤，37 ℃ 培养 16～24 h，第二天在 LB 营养琼脂平板上划线培养 16～24 h，第三天挑单个菌落接种于 2 mL MH 营养肉汤中，温箱培养 16～24 h，制得供试菌液。

表 3-3 抗菌药物原液的配置和保存期限

抗菌药物	溶 剂	浓度	保存条件及期限	
			-20 ℃	4 ℃
青霉素	pH 6.0 PBS 缓冲液	1 280[a]	3 个月	1 周
半合成青霉素类	pH 6.0 PBS 缓冲液	1 280[a]	3 个月	1 周
头孢菌素类	pH 6.0 PBS 缓冲液	1 280[b]	3 个月	1 周
氨基糖苷类	pH 7.8 PBS 缓冲液	1 280[a]	3 个月	4 周
四环素类	pH 4.5 PBS 缓冲液	1 280[b]	3 个月	1 周
硫酸黏菌素	pH 6.0 PBS 缓冲液	1 280[a]	3 个月	2 周
林可霉素	pH 7.8 PBS 缓冲液	1 280[a]	3 个月	2 周
氟苯尼考	先用少量乙醇溶解，再用 pH 6.0 PBS 缓冲液稀释	1 280[b]	长期保存	长期保存
利福平	先用甲醇溶解，再用蒸馏水稀释	1 280[b]	3 个月	2 周
万古霉素	无菌蒸馏水	1 280[b]	3 个月	2 周
盐酸恩诺沙星	无菌蒸馏水	1 280[b]	长期保存	长期保存
甲氧苄啶	先用 0.1 mol/L 乳酸溶解，再用蒸馏水稀释	1 280[b]	长期保存	长期保存
各种磺胺药	先用 NaOH 溶解，再用蒸馏水稀释	25 600[b]	长期保存	长期保存

注：a. 浓度单位为 IU/mL；b. 浓度单位为 μg/mL。

2. 细菌含量的测定（活菌平板计数法）

（1）用生理盐水将上述菌液做 10 倍梯度稀释（0.5 mL 菌液加 4.5 mL 生理盐水）。

（2）取 10^{-5}、10^{-6}、10^{-7} 三个滴度的菌液各 0.1 mL 滴在琼脂平板中央，轻轻拍打，使其均匀摊开，不要接触平皿边缘，每个梯度做 2 个平板，放入 37 ℃ 温箱培养 16～24 h。

（3）计算菌落数：挑选长有 30～300 个菌落的平板来计数。两个平板的计数结果取其平均值为细菌浓度，要求生长浊度达 9×10^8 个/mL。计算示例：10^{-6} 两个平板上生长菌落数分别为 68 个、70 个，平均 69 个/0.1 mL，则 1 mL 含活菌落数 690×10^6 个/mL，即生长浊度为 6.9×10^8 个/mL。

（4）将第（3）步制备的供试菌液用肉汤做 1∶10 000 稀释（最终的浊度为 10^5）。

3. 两种抗菌药物最小抑菌浓度（MIC）的测定

（1）在 96 孔细胞培养板的前 3 排（即 A、B、C 3 排）每孔中各加入含 TTC（5%）的空白肉汤 100 μL。

（2）在 A、B、C 3 排的第 1 孔加配好的药液（浓度为 512 IU/mL 或 μg/mL）100 μL，然后对药物进行二倍稀释，即第 1 孔中加入药液后用移液枪充分吹打（至少 3 次以上）使药物与肉汤充分混匀，然后吸取 100 μL 加入第 2 孔，再充分吹打使之与肉汤充分混匀，同样吸取 100 μL 加入第 3 孔中，照此重复直至最后一孔，吸取 100 μL 弃去；此时每孔药物浓度从左到右依次为 256、128、64、32、16、8、4、2、1、0.5、0.25、0.125 IU/mL（或 μg/mL）。

> 移液器吹打的力量不能太大。
>
> 若有细菌生长，TTC 指示剂显示红色；若没有细菌生长，TTC 则不变色，以此为判断依据。96 孔细胞培养板上横排中未变红色的最后一孔所对应的浓度便为该药的 MIC 值。另外，观察所做的阴性对照和阳性对照结果，判断操作过程中是否有污染以及受试菌种是否生长不良或被污染。

（3）在每一孔中加入稀释好的菌液 100 μL，这样就形成测定一个药物 MIC 值的 3 次重复（A、B、C 3 排样品）。此时每孔药物浓度即最终药物浓度，从左到右依次为 128、64、32、16、8、4、2、1、0.5、0.25、0.125、0.06 IU/mL（或 μg/mL）。

（4）在同一块板上做一排阴性对照（仅加空白肉汤不加菌液）和一排阳性对照（加菌液肉汤不加药液）。

（5）将 96 孔细胞培养板放入 37 ℃ 恒温培养箱培养 16～20 h 后，观察结果。

【实验结果与分析】

将实验结果填入表 3-4 和表 3-5 中，并分析原因。

表 3-4　细菌计数结果

稀释滴度	活菌数		总　计
	A平板	B平板	

表 3-5　××药物对××菌的 MIC 值

受试菌株	药物（μg/mL）	
	四环素	氟苯尼考
金黄色葡萄球菌		
大肠杆菌		
沙门菌		

【思考题】

(1) 细菌含量测定需注意哪些环节？

(2) 微量肉汤二倍稀释法应注意哪些环节才能准确测定 MIC？

实验四十六　两种抗菌药物的体外联合药敏试验

【实验目的】

(1) 掌握细菌对两种抗菌药的联合药敏测定方法，为兽医临床用药提供依据。

(2) 了解联合用药的意义：扩大抗菌谱、减少用药量；增强疗效、降低或避免毒副作用；减少或延缓耐药性的产生。

【实验原理】

1. 联合用药的指征

(1) 一种药物不能控制的严重感染或混合感染。

(2) 病因未明而危及生命的严重感染。

(3) 易出现耐药性的细菌感染。

(4) 需长期治疗的慢性疾病。

必须根据抗菌药的作用特性和机理进行选择，避免盲目组合。

2. 抗菌药物分类

(1) Ⅰ类（繁殖期杀菌剂）：如青霉素类、头孢菌素类。

(2) Ⅱ类（静止期杀菌剂）：如氨基糖苷类、多黏菌素类。

(3) Ⅲ类（快速抑菌剂）：如四环素类、氯霉素类、大环内酯类。

(4) Ⅳ类（慢效抑菌剂）：如磺胺类。

3. 药效学相互作用

(1) Ⅰ类与Ⅱ类合用可能呈现协同作用。如青霉素和链霉素合用，前者破坏细菌细胞壁的完整性，有利于后者进入菌体内发挥作用。

(2) Ⅰ类与Ⅲ类合用可能呈现颉颃作用。如青霉素和氯霉素或四环素类合用会出现颉颉，在四环素的作用下细菌蛋白合成速度减慢，细菌停止生长繁殖，使青霉素的作用减弱。

(3) Ⅲ类和Ⅳ类合用可能有累加作用。

(4) Ⅱ类和Ⅲ类合用可能有累加或协同的作用。

这只是药物联合应用的一般原则，两种药物联合应用还应考虑以下几个方面的因素。

(1) 作用机理相同的同一类药物合用的疗效并不增强，而可能相互增加毒性。如氨基糖苷类之间合作能增强对第八对脑神经的毒性。

(2) 作用机理相似的药物，因都竞争同一靶位，合用时有可能出现颉颃作用，如氯霉素类、大环内酯类、林可霉素类等。

(3) 干扰细菌不同的代谢环节。如磺胺药和 TMP，它们在两个不同的环节同时阻断叶酸代谢而起到双重阻断作用，合用呈现较强的协同作用（磺胺药抑制二氢叶酸的合成，TMP 抑制二氢叶酸还原成四氢叶酸，因而阻碍敏感菌的叶酸代谢）。

(4) 两种药物进行联合应用还要注意药物之间的理化性质、药动学和药效学之间的相互作用与配伍禁忌。

4. 联合药敏试验的结果测定 联合药敏试验的结果有 4 种类型。

(1) 协同作用：两种抗菌药物合用时所得效果比两药作用相加的好。

(2) 累加作用：总的作用相当于两药作用相加的总和。

(3) 无关作用：总的作用不超过联合中作用较强者。

(4) 颉颃作用：两药合用时其作用相互抵消。

在实验室中一部分抑菌浓度（fractional inhibitory concentration index，FIC 指数）的计算作为联合药敏试验的判断依据。

$$\text{FIC 指数} = \frac{\text{甲药联用时的 MIC}}{\text{甲药单用时的 MIC}} + \frac{\text{乙药联用时的 MIC}}{\text{乙药单用时的 MIC}}$$

当 FIC 指数≤0.5 时，表示协同作用；0.5＜FIC 指数≤1 时，表示累加作用；1＜FIC 指数≤2 时，表示无关作用；FIC 指数＞2 时，表示颉颃作用。

5. 棋盘法 抗菌药物联用，通常用于严重感染而未准确找到病菌、复合感染以及单一感染联合用药明显优于单一用药的情况。常用的测试法有棋盘法以及杀菌曲线法。

棋盘法的主要优点在于甲、乙两药的每个药物浓度都有单独的与另一个药物不同浓度的联合，因此能精确测定两种抗菌药物在适当浓度的比例下产生的相互作用。

在进行棋盘法之前应先测定两种抗菌药单独对受试菌的 MIC，将其作为中心浓度，然后以两药 MIC 的 8 倍、4 倍、2 倍、1 倍以及 1/2、1/4 和 1/8 浓度（或 4 倍、2 倍、1 倍以及 1/2、1/4 MIC 浓度）分别进行联合。

【实验准备】

1. 菌种 标准菌株或临床分离菌株。

2. 试剂 两种抗菌药（注明来源及含量）、MH 肉汤培养基、5 g/L 显色剂 TTC（氯化三苯四氮唑）。

3. 器材 酒精灯、试管架、试管（稀释菌液）、三角瓶（装菌液）、移液枪（10 μL、20 μL、200 μL、1 000μL）、37 ℃恒温培养箱和超净工作台等。

【实验方法与步骤】

1. 稀释菌液 用 MH 肉汤把原菌液稀释为

10^5 个 CFU/mL，把药物稀释到合适的浓度（32 倍 MIC 浓度）。

2. 以 2 倍稀释法制备 A 药与 B 药的菌液

（1）在试管架上摆 2 排试管，每排 7 支。第 1 排用于稀释 A 药，第 2 排用于稀释 B 药。

（2）在第 1 排试管中，把 A 药用菌液做 2 倍稀释，使第 1~7 管的 A 药浓度依次为 16 MIC、8 MIC、4 MIC、2 MIC、1 MIC、1/2 MIC 和 1/4 MIC。具体过程如下：①在第 1 排每管分别加入 3.5 mL 菌液。②在第 1 管加入 3.5 mL 32 MIC 的 A 药液，漩涡混匀后吸取 3.5 mL 到第 2 管，经吹打均匀后再吸取 3.5 mL 到第 3 管，依次 2 倍稀释到第 7 管，最后一管吸弃 3.5 mL。③每管各加入 150 μL 的 5 g/L TTC 显色剂，加完后混匀，即得所需浓度的 A 药菌液。

（3）在第 2 排试管中以同样方法把 B 药配备成药物浓度分别为 16 MIC、8 MIC、4 MIC、2 MIC、1 MIC、1/2 MIC 和 1/4 MIC 的 B 药菌液。

（4）分别把 A 药和 B 药的菌液按顺序加入 96 孔细胞培养板的横排和竖列的各孔中。

把 A 药菌液分别加入横排各孔：把第 1 管的 A 药菌液依次加到细胞培养板第 1 排 8 个孔中，每孔 100 μL；第 2 管的 A 药菌液依次加到第 2 排 8 个孔中，每孔 100 μL。同法向第 3~7 排各孔加入 3~7 管的 A 药菌液。第 8 排作为 B 药的单独药敏对照，不加 A 药。

注意，加完一排后要换枪头。

把 B 药菌液分别加入竖列各孔：把第 1 管的 B 药菌液依次加到细胞培养板的第 1 列 8 个孔中，每孔 100 μL；把第 2 管的 B 药菌液依次加到第 2 列 8 个孔中，每孔 100 μL。同法向第 3~7 列孔加入第 3~7 管的 B 药菌液。第 8 列作为 A 药的单独药敏对照，不加 B 药。

（5）在 96 孔板的第 8 排及第 8 列各孔中分别加入 100 μL 的菌液，其中第 8 排及第 8 列最后一孔（即同一孔）含菌液 200 μL，作为细菌对照。

（6）在第 9 列每孔加空白肉汤 200 μL（不含细菌）作为阴性对照。

（7）以同样的方法再用两块板做两个棋盘重复。

做完整个棋盘后，用标签笔写上组号。

（8）3 块板都完成后，置于 37 ℃恒温培养箱培养 16 h 左右。第二天观察结果并记录。

【实验结果与分析】

将实验结果填入表 3-6、表 3-7 和表 3-8，并分析原因。

表3-6 青霉素和链霉素联合用药药敏结果

药物（μg/mL）		青霉素					链霉素单药对照
		4	2	1	0.5	0.25	
链霉素	64	—	—	—	—	—	—
	32	—	—	—	—	—	—
	16	—	—	—	—	—	—
	8	—	—	—	+	+	+
链霉素	4	—	—	—	+	+	+
青霉素单药对照		—	—	—	+	+	细菌对照

注："—"表示没有细菌生长，"+"表示有细菌生长。FIC指数 $=\frac{1}{1}+\frac{16}{16}=2$（无关）。

表3-7 TMP和SMZ联合用药药敏结果

药物（μg/mL）		SMZ					TMP单药对照
		1024	512	256	128	64	
TMP	1	—	—	—	—	—	—
	0.5	—	—	—	—	—	—
	0.25	—	—	—	—	—	—
	0.125	—	—	—	—	—	+
	0.06	—	—	—	—	—	+
SMZ单药对照		—	—	—	+	+	细菌对照

注："—"表示没有细菌生长，"+"表示有细菌生长。FIC指数 $=\frac{64}{256}+\frac{0.06}{0.25}=0.49$（协同）。

表3-8 呋喃妥因和萘啶酸联合用药药敏结果

药物（μg/mL）		萘啶酸							呋喃妥因单药对照
		128	64	32	16	8	4	2	
呋喃妥因	128	—	—	—	—	—	—	—	—
	64	—	—	+	+	+	+	+	—
	32	—	—	+	+	+	+	+	+
	16	—	—	+	+	+	+	+	+
	8	—	—	—	+	+	+	+	+
	4	—	—	—	—	+	+	+	+
	2	—	—	—	—	—	+	+	+
萘啶酸单药对照		—	—	—	—	+	+	+	细菌对照

注："—"表示没有细菌生长，"+"表示有细菌生长。FIC指数 $=\frac{64}{8}+\frac{128}{64}=10$（颉颃）。

【注意事项】

1. 建立无菌观念，执行无菌操作

（1）除移液枪和96孔细胞培养板外，其他所有用具都需经过高压灭菌处理。

(2) 所有操作必须在超净工作台内完成，超净工作台使用前后都要用乙醇棉球擦拭干净，再用紫外灯消毒 2 h。

(3) 操作前用肥皂洗手，冲洗干净后再用乙醇棉球擦手。

(4) 每次枪头过瓶口前，瓶口都要经火焰烧。

(5) 操作过程中加液尽可能不将 96 孔细胞培养板盖打开。

2. 移液枪的使用

(1) 移液枪在使用前必须用乙醇棉球擦拭消毒，不能用火焰烧。

(2) 每次使用前调刻度到所需体积，动作要轻缓。

(3) 移液枪只能平放或者向下垂直放于枪架上，不能倒立。

(4) 加液时移液枪要垂直，枪头不贴管壁。拿移液枪时右手肘关节支撑桌面，左手扶住枪杆。吸液时移液枪不能按到底，只到第一档，打液时必须按到底。

3. 操作有序

(1) 培养板上用标签纸做好标记，写明组别，做什么菌、什么药，以及各组对照。

(2) 每药做 3 个重复，每个板做 1 个阴性对照及 1 个阳性对照。

(3) 超净工作台内用过的不需要的东西都必须放到废液缸内，不能在台面上乱扔。

4. 观察结果 需从 96 孔细胞培养板底部对着光亮的地方观察每孔内颜色变化，不能通过盖从上往下看，以免结果判断错误。

【思考题】

实验过程中要注意哪几个主要环节？

第四章

设计性实验

实验四十七 烹饪方法对肌肉组织中兽药残留含量的影响

【实验目的】

(1) 设计不同的烹饪方法和烹饪工艺，了解其对兽药残留的影响。

(2) 了解不同药物对温度及压力的敏感性。

【实验原理】

不同药物对烹饪条件有不同的敏感性，通过测定烹饪前后兽药残留含量的变化，了解日常烹饪工艺对兽药残留的影响。

【实验准备】

1. 试剂 氟苯尼考对照品（含量99.2%，由中国兽医药品监察所提供）、恩诺沙星对照品（含量99.5%，由中国兽医药品监察所提供）、氟苯尼考注射液和恩诺沙星注射液（大北农公司提供）、乙腈（色谱纯）、乙酸乙酯（含量不低于99.5%）、正己烷（含量不低于95.0%）和肝素钠等。

2. 器材 解剖刀、离心管、离心机、移液枪、均质器、漩涡混合器、氮吹仪和高效液相色谱仪等。

【实验设计】

1. 资料收集 查询相关资料，确定实现本实验目的的因素及水平，并确定使用的兽药（两种）。

2. 制备含药肌肉 购买肉鸡若干，分别给予不同的药物后5个半衰期内采集肌肉样品，部分保存，部分用于实验。

3. 样品烹饪处理 根据设计的影响因素（温度、压力）及水平（处理时间），确定采用一般煮熟、高压煮熟、油炸等3种方式进行烹饪，每种烹饪方式设计2~3个水平，即不同的处理时间。将样品处理之后，用均质器进行均质，然后按样品前处理方法进行药物提取。

【实验方法与步骤】

1. 含氟苯尼考的肌肉样品前处理方法 取肌肉0.5 g，加入1.0 mL乙酸乙酯，旋涡振摇5 min，5 000 r/min离心5 min，吸取上层液于另一离心管中，再向残渣加入乙酸乙酯1.0 mL，旋涡振摇3 min，进行二次提取。5 000 r/min

氮气吹干时不能吹到完全干。

氟苯尼考检测色谱条件：检测器，DAD；色谱柱，Cloversil ODS-U 5 μm 4.6 mm L.D.×250 mm；检测

离心 5 min，取上层液与第一次清液混合。用氮气吹干，加入 1.0 mL 流动相，旋涡振摇 2 min 并超声 5 min 溶解残留物。加入 2.0 mL 饱和正己烷（饱和物为乙腈）旋涡振摇 2 min，分层后弃去正己烷。用孔径为 0.2 μm 的滤膜滤过后，取 50 μL 上 HPLC 进样检测。

2. 含恩诺沙星的肌肉样品前处理方法　取肌肉 0.5 g，加入 1.0 mL 乙腈，旋涡振摇 3 min，超声提取 5 min，5 000 r/min 离心 5 min。吸取上层液于另一离心管中，再向残渣加入乙腈 1.0 mL，旋涡振摇 3 min 进行二次提取，5 000 r/min 离心 5 min，取上层液与第一次清液混合。50 ℃水浴氮气吹干，加入 1.0 mL 流动相，旋涡振摇 2 min 并超声 5 min 溶解残留物。过孔径为 0.2 μm 的滤膜后，取 50 μL 上 HPLC 进样检测。

3. 样品检测　用高效液相色谱仪对提取样品进行检测，并与标准物进行比较。

【实验结果与分析】
(1) 对实验结果进行色谱图解释和分析。
(2) 对各个组得出的色谱图进行记录，并对结果进行合理的解释。

【思考题】
(1) 两种药物对温度的敏感性是否一样？对压力的敏感性是否存在差别？
(2) 药物的前处理过程应该注意什么问题？
(3) 写出设计性实验的体会。

波长，223 nm；柱温，30 ℃；流动相，乙腈-水（体积比为 30∶70）；流速，1 mL/min。

恩诺沙星检测色谱条件：检测器，DAD；色谱柱，Cloversil ODS-U 5 μm 4.6 mm I.D.×250 mm；检测波长，277 nm；柱温，30 ℃；流动相，乙腈-0.05 mol/L 柠檬酸溶液（体积比为 17∶83）；流速，1 mL/min。

附 录

一、鱼类的饲养

鱼类生理学实验需要健康的鱼，而饲养健康的鱼必须保证适宜的温度、光照、溶氧和食饵等，而不同种类的鱼又有不同的要求。因此，做好实验鱼的饲养工作十分重要，应细致周到。

最基本的要求是要有适宜的水源，包括合适的水化学成分和水温。保持鱼的水温最好是接近鱼所处的自然环境温度，应避免温度剧烈变动。活动强的鱼以放在圆形容器中为宜，让它们能持续游动而不致受伤。实验水槽应有循环流水和过滤净化装置。小水族箱可用活性炭或玻璃纤维过滤，每周至少将水全部更换一次。更换的水可通过紫外光照射以减少微生物感染的可能性。输送水管宜用玻璃管或塑料管，不应用铜管或铁管。自来水中常含有氯和氨，可用暴晒除气或用活性炭过滤的方法除去，或加入少量硫代硫酸钠（大苏打）。大量育养实验用鱼时应有和井、湖或池塘相连接的循环装置。目前多采用水泥池或塑料水池。

通常用塑料袋或木桶进行实验鱼的短途运输。运输时用低温水（加冰），充氧并加入少量麻醉剂，可大大降低鱼的死亡率。进行运输鱼操作时戴上手套可减轻鱼的损伤。

实验鱼在育养期间应投给适量的饵料，通常可选用合适的商品颗粒饵料。为预防疾病传染，可用稀释的高锰酸钾溶液、孔雀绿溶液或福尔马林浸浴实验鱼；也可在食饵中加入少量抗生素或磺胺类药物。

二、鱼类的麻醉

常用的鱼类麻醉剂和使用剂量如下。

（1）MS-222（tricaine methanesulfonate）：剂量1:10 000至1:45 000。

（2）乙醚：剂量10～20 mL/L。

（3）特戊醇（amglene alcohcl）：剂量5～6 mL/L。

（4）Propoxate（R7464）：剂量1:1 000 000至1:100 000。

（5）喹那啶：剂量为0.01～0.03 mL，溶解于等量的丙酮内，加入1 L水中。

（6）尿烷（氨基甲酸乙酯，ethyl carbamate）：剂量5～40 mL/L。

MS-222是目前最常用的鱼类麻醉剂，特别适用于鱼类手术过程的麻醉，但价格较高，需从国外进口。

喹那啶的麻醉效果也很好，但麻醉后鱼还保持某种程度的反射反应，故不太适宜用于手术过程的麻醉。如用 MS-222 和喹那啶混合麻醉，效果较好。

降低水温（加冰）加上麻醉剂的效果更佳。

鱼移入麻醉剂中后活动性减弱，身体失去平衡，鳃盖活动减弱以致消失，对外界刺激无反应。应根据实验目的确定鱼的麻醉程度。如进行注射药物或抽取血样，只需要轻度麻醉，降低鱼的活动性就可以；如进行时间较长的手术（如血管导管、切除脑垂体、腹部胃瘘管手术等），则应进行深度麻醉，并用稀释的麻醉剂不断灌注鱼鳃部，使鱼持续保持麻醉状态。

鱼经麻醉处理后移入清水中，通常会在 1 min 左右苏醒，鳃盖开始运动，以恢复呼吸。如果移入清水中 1 min 后仍未苏醒，且未恢复呼吸，就要进行人工帮助，用新鲜流水直接注入口腔，并用手帮助鱼进行呼吸。

三、鱼类的生理盐水

最常用的几种淡水鱼类生理盐水配方如下。

(1) Burnstock (1958) 的：NaCl 5.9 g, KCl 0.25 g, $CaCl_2$ 0.28 g, $MgSO_4 \cdot 7H_2O$ 0.29 g, $NaHCO_3$ 2.1 g, KH_2PO_4 1.6 g, 加蒸馏水至 1 L。

(2) Wolf (1963) 的：NaCl 7.25 g, KCl 0.38 g, $CaCl_2$ 0.162 g, $MgSO_4 \cdot 7H_2O$ 0.23 g, $NaHCO_3$ 1.0 g, $NaH_2PO_4 \cdot 2H_2O$ 0.41 g, 葡萄糖 1.0 g, 加蒸馏水至 1 L。

(3) Jaeger (1965) 的：NaCl 6.0 g, KCl 0.12 g, $CaCl_2$ 0.14 g, $NaHCO_3$ 0.2 g, $NaH_2PO_4 \cdot 2H_2O$ 0.01 g, 葡萄糖 2.0 g, 加蒸馏水至 1 L。此生理盐水特别适合于鱼类心脏。

配制生理盐水最好现配现用或在低温中保存，配制生理盐水的蒸馏水最好能预先充气。以最常用的 Burnstock 淡水鱼类生理盐水为例，可采用下列简易的配制方法。

先配制 3 种储备液各 500 mL。

A 液：NaCl 29.5 g, KCl 1.25 g, $MgSO_4 \cdot 7H_2O$ 1.45 g, KH_2PO_4 8.0 g, 加蒸馏水至 500 mL。

B 液：$CaCl_2$ 1.4 g, 加蒸馏水至 500 mL。

C 液：$NaHCO_3$ 10.5 g, 加蒸馏水至 500 mL。

使用时，A、B、C 液各取 10 mL 加入 70 mL 蒸馏水中。

四、鱼类的采血方法

1. 尾部血管采血　心脏采血会使心脏受到损伤而不适宜继续和多次采血，因此通常采用尾部血管采血。小的鱼用 22 号或 23 号针头，体重 600 g 以上的鱼用 18 号或 20 号针头。注射器可预先加入抗凝剂（如肝素）以防止凝血，但也可不加抗凝剂而用干净的注射器顺利采血。鱼经麻醉后，保持鳃部有水流或用湿毛巾包住前半部，把注射针头从尾柄腹中部略为倾斜地插入，并小心推进而进入血管棘之间，轻轻刺破流经血管弧的动脉或静脉，回抽注射柄，若有血液流入注射筒，则表明已刺破尾部血管可得到血样。血液徐徐流入注射器达到适合的量后就将针头拔出，用手指压住采血部位，经 1 min 左右直到不出血。

2. 做血管导管 体重在 600 g 以上的鱼可在尾部血管安装导管以供采血或注射药物（附图-1）。用 18 号针头，内穿口径适宜的细塑料管。塑料管长 20～30 cm，一端做成尖锐的切口，另一端连接注射器和针头，管内充满肝素生理盐水。鱼经麻醉后用湿毛巾包住前半部，一只手握住尾柄，另一只手将内含细塑料管的针头从尾柄腹部插入体壁到达血管弧。回抽注射柄，若见有少量血液进入管内，则说明细塑料管前端已插入尾部血管内。此时，可小心地将细塑料管推进到血管内数厘米，然后将注射针从入针部位抽出并脱离细塑料管。最后，用细线把细塑料管固定在尾鳍基部，使细塑料管充满肝素生理盐水后，将注射器取出，用大头针将导管末端塞紧并避免出现气泡。这时可把鱼放回水族箱内，待它完全恢复正常后就可进行实验。

采血时，可用注射器先将导管内的肝素生理盐水及少量血液弃去，然后换上另一支注射器吸取血样。取完血样后用注射器从导管注入一些肝素生理盐水，并用大头针将导管末端塞紧，以备再次采血。

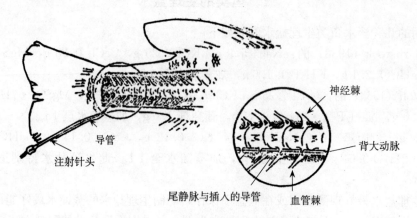

附图-1 鱼类尾部血管导管示意图
（引自林浩然，鱼类生理学实验技术和方法，2006）

参 考 文 献

陈杰，2004. 家畜生理学. 4版. 北京：中国农业出版社.
陈杖榴，2009. 兽医药理学. 3版. 北京：中国农业出版社.
桂远明，2004. 水产动物机能学实验. 北京：中国农业出版社.
胡还忠，2010. 医学机能学实验教程. 北京：科学出版社.
金天明，2012. 动物生理学实验教程. 北京：清华大学出版社.
林浩然，刘晓春，2006. 鱼类生理学实验技术和方法. 广州：广东高等教育出版社.
王国杰，2008. 动物生理学实验指导. 4版. 北京：中国农业出版社.
王庭槐，2004. 生理学实验教程. 北京：北京大学医学出版社.
解景田，赵静，2002. 生理学实验. 2版. 北京：高等教育出版社.
杨芳炬，2004. 机能学实验. 2版. 成都：四川大学出版社.
杨秀平，2009. 动物生理学实验. 北京：高等教育出版社.
杨秀平，肖向红，李大鹏，2016. 动物生理学. 3版. 北京：高等教育出版社.
曾振灵，2009. 兽医药理学实验指导. 北京：中国农业出版社.